Jahrbuch

der

Preußischen Forst- und Jagdgesetzgebung und Verwaltung.

Herausgegeben

von

Dr. jur. Bernhard Danckelmann,

Königl. Preuß. Landforstmeister und Direktor der Forstakademie zu Eberswalde.

Im Anschluß an das Jahrbuch im Forst- und Jagd-Kalender für Preußen
I. bis XVII. Jahrgang (1851 bis 1867)

redigirt

von

O. Mundt,

Sekretair der Forst-Akademie zu Eberswalde.

Achtundzwanzigster Band.

Viertes Heft.

Berlin.

Springer-Verlag Berlin Heidelberg GmbH

1896.

Preis des XXVIII. Bandes (4 Hefte) 4 Mark.

ISBN 978-3-662-37253-1   ISBN 978-3-662-37979-0 (eBook)
DOI 10.1007/978-3-662-37979-0

Inhalts-Verzeichniß

für das Jahrbuch der Preußischen Forst- und Jagd-Gesetzgebung und Verwaltung.

XXVIII. Band. 4. Heft.

Unterrichts= und Prüfungswesen.

77.

Ablegung der Förster=Prüfung in einer Privat=Forststelle betr.

Circ.=Verfg. des Ministers für Landwirthschaft 2c. an sämmtliche Königliche Regierungen mit Ausschluß von Aurich. III. 10261.

Berlin, den 12. Juli 1896.

Durch § 3 der Vorschriften für die Förster=Prüfung vom 3. Februar 1887*) ist nachgelassen, daß die Herren Oberforstbeamten die Abhaltung dieser Prüfung unter Umständen in einer Gemeinde= oder Anstalts=Forststelle anordnen können. Ich erweitere diese Befugniß dahin, daß die Prüfung auch in einer geeigneten Privat=Forststelle stattfinden darf, sofern es möglich ist, die Prüflinge hier bezüglich ihrer Leistungen und ihres gesammten Verhaltens gehöriger Aufsicht zu unterstellen.

Zugleich ermächtige ich die Herren Oberforstbeamten, zu diesem Zweck wegen der Führung der Prüfungsakten im einzelnen Falle auch abweichend von den Bestim= mungen des § 5 a. a. O. solche Anordnungen zu treffen, welche mit dem zu er= reichenden Zweck im Einklange stehen.

Endlich will ich die Bestimmung am Schluß des ersten Absatzes im § 3 a. a. O., wonach eine andere Regierung, in deren Bezirk der zu Prüfende sich aufhält, um Ausführung der Prüfung nicht angegangen werden soll, hiermit aufheben.

Der Minister für Landwirthschaft, Domänen und Forsten.

v. Hammerstein.

78.

Beschränkung der Notirung forstversorgungsberechtigter Jäger bei mehreren Königlichen Regierungen.

Allgem. Verf. des Ministers für Landwirthschaft 2c. an sämmtliche Königliche Regierungen, (ausschließ= lich Aurich und Sigmaringen.) III. 11821.

Berlin, den 13. August 1896.

Auf Grund des § 26 des Regulativs über Ausbildung, Prüfung und Anstellung für die unteren Stellen des Forstdienstes in Verbindung mit dem Militärdienst im Jägerkorps vom 1. Oktober 1893**) werden bei den Königlichen Regierungen zu Potsdam, Frankfurt a./O., Stettin, Köslin, Stralsund, Posen, Liegnitz, Oppeln, Magdeburg, Merseburg, Erfurt, Hannover, Trier, Aachen sowie im Bereiche der Hofkammer der Königlichen Familiengüter neue Noti=

---

*) Jahrb. Bd. XIX. S. 65.
**) Jahrb. Bd. XXVI. S. 169.

rungen der forstversorgungsberechtigten Jäger der Klasse A bis auf Weiteres dergestalt ausgeschlossen, daß bei den genannten Behörden nur Meldungen solcher Jäger angenommen werden dürfen, welche zur Zeit der Ausstellung des Forstversorgungsscheines mindestens 2 Jahre im Staatsforstdienste des betreffenden Bezirkes beschäftigt sind.

Der Minister für Landwirthschaft, Domänen und Forsten.
Im Auftrage:
Waechter.

Tagegelder und Reisekosten.
79.
Tagegelder und Reisekosten derjenigen Förster, denen die Verwaltung einer Revierförsterstelle auf Probe unter Gewährung der sämmtlichen Einkünfte dieser Stelle übertragen ist.

Bescheid des Ministers für Landwirthschaft, Domänen und Forsten an die Königliche Regierung zu Cassel und abschriftlich zur gleichmäßigen Beachtung an die sämmtlichen übrigen Königlichen Regierungen mit Ausschluß von Aurich und Sigmaringen. III. 11508.

Berlin, den 11. August 1896.

Im Einverständniß mit dem Herrn Finanzminister ermächtige ich die Königliche Regierung, denjenigen Förstern, denen die Verwaltung einer Revierförsterstelle auf Probe unter Gewährung der sämmtlichen Einkünfte dieser Stelle übertragen ist, für die Reise behufs Uebernahme der Stelle Tagegelder und Reisekosten nach den den Revierförstern zustehenden Sätzen zu gewähren.

Der Minister für Landwirthschaft, Domänen und Forsten.
Im Auftrage: Waechter.

Geschäftswesen.
80.
Verminderung des Schreibwerks im amtlichen Verkehr.

Circ.-Verf. des Ministers für Landwirthschaft ꝛc. an a. den Herrn Präsidenten des Königlichen Oberlandeskulturgerichts, b. den Herrn Präsidenten der Königlichen Ansiebelungskommission zu Posen, c. die sämmtlichen Herren Generalkommissionspräsidenten. I. A. 1946.

Berlin, den 28. April 1896.

Die Herren Präsidenten werden ergebenst ersucht, bei den ihnen unterstellten Behörden auf möglichste Verminderung des Schreibwerks hinzuwirken. In dieser Beziehung sind namentlich die folgenden Punkte zu beachten:

1. Im schriftlichen Verkehr der Behörden und Anstalten der diesseitigen Verwaltung unter einander ist von der urschriftlichen Form möglichst ausgedehnter Gebrauch zu machen.

Bei Uebersendung oder Einreichung von Registern, Verzeichnissen, Uebersichten, Nachweisungen u. s. w. — auch an das Ministerium — haben alle Begleitschreiben und Berichte, welche eines selbstständigen Inhalts entbehren, zu unterbleiben; es genügt eine auf das einzusendende Schriftstück selbst oder auf einen Umschlag zu setzende kurze Bezugnahme auf das betreffende Schreiben oder auf die veranlassende Verfügung. Berichte von Lokalbehörden und Beamten an höhere Behörden sind in der Regel von den Zwischenbehörden mit einfachen Einsichtsvermerken urschriftlich weiterzureichen. Kürzere Aeußerungen zur Sache können in Form einer Randbemerkung geschehen. Nur wenn in solchen Fällen die vorzulegenden Anträge, Eingaben, Verhandlungen u. dergl. einer weiteren geschäftlichen Behandlung bedürfen, sind solche Schriftstücke mittelst besonderen Begleitberichts zu überreichen.

2. Im Verkehr gleichstehender Behörden und Anstalten können die üblichen Kurialien gänzlich in Wegfall kommen. Im Berichtstil sind dieselben auf das knappste Maaß einzuschränken. Einer Wiederholung der aus dem Rubrum sich ergebenden Angaben im Eingange des Berichts bedarf es nicht. Das Rubrum ist jedoch (neben Angabe der Verfügung, auf welche berichtet wird) mit kurzen Worten so zu fassen, daß es den materiellen Inhalt des Berichts sofort erkennen läßt. Vermerke, wie z. B. „Die pp. berichtet auf den Erlaß vom pp." sind als Rubrum nicht zweckentsprechend.

Bei amtlichen Schreiben, Berichten u. s. w. an Einzelbeamte der diesseitigen Verwaltung, welche eine Behörde darstellen, ist in der Innen- wie in der Außenadresse der Name des Beamten, soweit es sich nicht um rein persönliche Angelegenheiten handelt, fortzulassen.

3. Postkarten sollen mit Rücksicht auf die Ordnung der Akten im Verkehr mit Behörden der Regel nach nicht verwendet werden. Dagegen sind sie, falls die Sendungen frankirt abgelassen werden, zu einfachen Mittheilungen und Benachrichtigungen an Parteien oder einzelne Personen zugelassen. Es ist jedoch darauf zu achten, daß durch die Verwendung Unzuträglichkeiten vermieden werden, namentlich sind Postkarten nicht zu verwenden, wo es den Adressaten benachtheiligen oder ihm peinlich sein könnte, falls Dritte von dem Inhalte Kenntniß nehmen, z. B. bei Zahlungsaufforderungen. Bezüglich der Herstellung des Aversionirungsvermerks auf den ungestempelten Postkarten. cfr. § 14 Nr. VII der Postordnung und Zirkular. Erlaß vom 19. Februar 1894 (I. 3252).

4. Die von höheren an niedere Behörden oder an einzelne Personen ergehenden Verfügungen und Bescheide sind ohne Begleitverfügung durch Vermittelung der Zwischenbehörden den Adressaten zuzufertigen. Den Behörden und sonstigen Zwischeninstanzen bleibt überlassen, etwa erforderliche „Vermerke" zu ihren Akten zu bringen. Ebenso ist es nicht erforderlich, Abschriften etwaiger Beläge vor deren Einreichung an die Zentralbehörde bei den Akten zurückzubehalten, da, soweit irgendwie angängig, die Urschriften zurückgegeben werden.

5. Für häufig wiederkehrende gleichförmige Schreiben sind im weitesten Umfange Formulare zur Anwendung zu bringen und zwar nicht nur für die durch den Dezernenten oder durch das Bureau auszufüllenden Entwürfe, sondern auch für die Reinschriften. Von der Verwendung von Formularen zu Reinschriften ist jedoch im Verkehr mit höheren Behörden anderer Dienstzweige, sowie in den Fällen abzusehen, wo sich die Anwendung von Formularen aus besonderen Gründen nicht empfiehlt.

6. Zirkularverfügungen sind der Regel nach auf mechanischem Wege herzustellen und zwar, soweit möglich, bei der obersten Stelle, welche die erforderliche Anzahl von Exemplaren den nachgeordneten Behörden zugehen läßt. Oft wird ein Hinweis auf die bereits amtlich veröffentlichte Bestimmung genügen.

7. Berichte an höhere Behörden sind nur auf den ersten vier und an die Zentralbehörde auf den ersten zwei Seiten auf halbgebrochenem Bogen zu schreiben.

8. Im Verkehr mit den Behörden anderer Dienstzweige sind die vorstehend gegebenen Anordnungen nach Maßgabe der bestehenden Uebung oder besonderer Verständigung anzuwenden.

9. Ich überlasse es den Herren Präsidenten, im Geschäftsverkehr mit den ihnen unterstellten Behörden und Anstalten, sowie im Verkehr der letzteren mit dem Publikum im Sinne dieser Verfügung, wenn zulässig und zweckmäßig, noch weitere Vereinfachungen eintreten zu lassen. In vielen Fällen werden Notizen, Beglaubigungen, Bescheinigungen u. s. w., die oft in bestimmten Formeln zur Anwendung kommen, durch Benutzung von Stempeln — abgesehen von der Unterschrift — hergestellt werden können.

Der Minister für Landwirthschaft, Domänen und Forsten.
gez.: von Hammerstein.

81.

Vereinfachung des Geschäftsganges und Verminderung des Schreibwerks im Verwaltungsbereiche der Königl. Regierungen.

Allg. Verfg. des Finanz-Ministers und des Ministers des Innern an sämmtliche Herren Regierungs-Präsidenten 2c.

F. M. I. 1250 II. Ang. II. 1316 II. Ang. III. 1908 II. Ang. M. d. J. I. A. 1866.

Berlin, den 20. Mai 1896.

Zur Vereinfachung des Geschäftsganges und zur Verminderung des Schreibwerks im Verwaltungsbereiche der Regierungen bestimmen wir:

1. Alle Berichte, Schreiben und Verfügungen von Behörden an Behörden tragen auf der ersten Seite des Schriftstückes

> in der oberen rechten Ecke die Orts- und Zeitangabe, in der oberen linken Ecke den Namen der schreibenden Behörde und darunter die Journalnummer, in der unteren linken Ecke, soweit erforderlich, die Angabe der empfangenden Behörde.

2. Berichte sind nur auf den ersten drei Seiten in halber Breite, von da ab in Dreiviertelbreite des Bogens zu schreiben.

Auf der linken Hälfte der ersten Berichtseite ist außer der kurzen Angabe des Inhalts die veranlassende Verfügung oder, daß ohne solche berichtet werde, zu vermerken und unmittelbar darunter sind die zurückfolgenden und die neu eingereichten Anlagen so zu bezeichnen, daß über ihre Identität kein Zweifel entstehen kann. Anlagen von größerer Anzahl sind, soweit es angeht, zu einem Anlagenhefte zu vereinigen, zu paginiren und mit einem Umschlage zu versehen, auf dem die Stücke des Heftes einzeln aufzuführen sind.

Erwiderungen auf Schreiben gleichgestellter und auf Berichte nachgeordneter Behörden sind, geeigneten Falles durch Vordruck, mit der Ueberschrift zu versehen:

> „Erwiderung auf das Schreiben (den Bericht) vom . . . . . Nr . . .‟

3. In den Berichten und in den Erwiderungen selbst unterbleibt die bisher übliche Eingangsformel, die Wiederholung der im Rubrum enthaltenen Angaben, die Anwendung der Curialien „gehorsamst, ergebenst, geneigtest, gefälligst u. s. w.", die Anrede mit „Ew. Hoch=, Hochwohl= und Wohlgeboren", der Submissionsstrich und bei der Unterschrift die Wiederholung der am Eingange des Schriftstückes bereits erfolgten Bezeichnung der Behörde.

Die Schriftstücke sind rein sachlich, in klarer und knapper Ausdrucksweise zu fassen. Die Bezugnahme auf Anlagen erfolgt lediglich nach der Nummer, mit der sie im Rubrum des Berichts oder in dem Anlagehefte aufgeführt sind, z. B. „Nach Anlage 3 Bl. 9 ist . . . . . ."

4. Bei den auf urschriftliche Verfügungen einer vorgesetzten Behörde zu er= stattenden Berichten ist jede Einleitung fortzulassen und ohne Weiteres mit der sach= lichen Berichterstattung zu beginnen. Kurze Berichte können auf die Vorlage selbst gesetzt werden.

5. Bei Einreichung von Verzeichnissen, Uebersichten und Nachweisungen unter= bleiben alle Begleitberichte, wofern sie nicht einen besonderen selbständigen Inhalt haben; es genügt der auf das mit entsprechender Aufschrift über den Inhalt des Verzeichnisses pp. zu versehende Schriftstück oder auf einen Umschlag zu setzende Ver= merk „Verfügung vom . . . . . ."

6. Bei Schriftstücken an Einzelbeamte, die eine Behörde vorstellen, ist in der Innen= und Außenadresse der Name des Beamten nur dann anzugeben, wenn es sich um persönliche Angelegenheiten desselben handelt.

7. Für periodisch wiederkehrende gleichartige Fälle, insbesondere auch für Kassen= verfügungen sind in möglichster Ausdehnung Formulare in der Art zu verwenden, daß vom Decernenten die Erledigung der Sache nach dem betreffenden Formulare verfügt, vom Expedienten die Ausfüllung des letzteren sofort als Reinschrift bewirkt, diese also gleichzeitig zur Durchsicht und Vollziehung vorgelegt und nach Erledigung der Sache nur ein entsprechender Vermerk zu den Akten gemacht wird.

8. Soweit irgend angängig, ist die urschriftliche Form der Geschäftserledigung zu wählen und wo dabei die Zurückbehaltung einer Abschrift angezeigt erscheint, deren Herstellung durch eine Copirpresse in Erwägung zu nehmen. Bei der Ge= nehmigung von Anträgen wird es meist genügen, den Antrag mit dem einfachen, eventuell durch Stempel herzustellenden Vermerke „Genehmigt" dem Berichterstatter unter Rückerbittung wieder zugehen zu lassen und dann beim Wiedereingange ohne neue Journalnummer zu den Akten zu nehmen.

9. Der Geschäftsverkehr zwischen verschiedenen Abtheilungen derselben Behörde ist möglichst durch mündliche und allenfalls telephonische Besprechung der betheiligten Beamten zu fördern und wo mehrere Registraturen an dem nämlichen Schriftstücke ein gemeinsames Interesse haben, sind vollständige Abschriften dieses Schriftstückes nur wenn dies unerläßlich erscheint, sonst nur kurze Vermerke über den Inhalt desselben zu den betreffenden Akten zu bringen.

10. Runderlasse, welche ohne im Amtsblatt veröffentlicht zu werden, durch Um= druck zu vervielfältigen sind, werden in der für den Gebrauch der nachgeordneten Behörden erforderlichen Stückzahl zu fertigen und diesen Behörden mitzutheilen sein.

Ueber die Ausführung dieser Verfügung, deren Erweiterung wir uns vor= behalten, sehen wir bis zum 1. Januar k. J. einem Berichte entgegen, dem die im Verwaltungsbereiche der dortigen Regierung zur Anwendung gelangten Formulare in Probeſtücken beizufügen ſind. In dem Berichte ſind auch etwaige anderweite Einrichtungen, die, nicht nur im Geſchäftsverkehre der Behörden unter einander, ſondern auch im Dienſtbetriebe nach Außen zur Verminderung des Schreibwerks geeignet, ſich für die allgemeine Einführung empfehlen, zu erörtern.

Der Finanz-Miniſter.   **Der Miniſter des Innern.**

Miquel.   von der Recke.

82.

Heranziehung des Fiskus zu den auf das Einkommen gelegten direkten Kommunalabgaben von fiskaliſchen Domänen- und Forſtgrundſtücken für das Jahr 1. April 1896/97.

Circ.-Verfg. des Miniſters für Landwirthſchaft ꝛc. an ſämmtliche Königlichen Regierungen, mit Aus- ſchluß derjenigen zu Sigmaringen. III. 5152.

Berlin, den 27. Juni 1896.

In Gemäßheit der Vorſchrift im § 44 des Kommunal-Abgaben-Geſetzes vom 14. Juli 1893 (G.-S. S. 152)*) habe ich in Nr. 144 des diesjährigen Deutſchen Reichs-Anzeigers und Königlich Preußiſchen Staatsanzeigers (a) das Verhältniß öffentlich bekannt gemacht, in welchem der in den einzelnen Provinzen aus den Domänen- und Forſtgrundſtücken nach den Etats für 1. April 1896/97 erzielte Ueberſchuß der Ein- nahmen über die Ausgaben unter Berückſichtigung der auf denſelben ruhenden Ver- bindlichkeiten und Verwaltungskoſten zum Grundſteuer-Reinertrage ſteht.

Bei der in Gemäßheit des § 33 des bezeichneten Geſetzes für das laufende Steuerjahr der Gemeinden erfolgenden Heranziehung des Staatsfiskus zu der Gemeinde- Einkommenſteuer iſt das Reineinkommen aus fiskaliſchen Domänen und Forſten für die in Betracht kommenden Liegenſchaften aus ihrem Grundſteuer-Reinertrage nach jenem Verhältniß, wie es für die betreffende Provinz feſtgeſtellt worden iſt, zu ermitteln.

Die Königliche Regierung wolle darauf achten, daß bei dieſer Ermittelung richtig verfahren werde, und im Falle einer nach dem Ermeſſen der Königlichen Regierung zu hohen Veranlaguug des Domänen- oder Forſtfiskus zu der gedachten Steuer nicht verabſäumen, rechtzeitig Einſpruch bezw. Klage im Verwaltungs-Streitverfahren zu erheben.

Der Miniſter für Landwirthſchaft, Domänen und Forſten.

Im Auftrage: Michelly.

---

*) Der § 44 lautet:

Das Reineinkommen aus fiskaliſchen Domänen und Forſten iſt für die einzelnen Liegenſchaften aus dem Grundſteuerreinertrage nach dem Verhältniß zu berechnen, in welchem der in der betreffenden Provinz aus den Domänen- und Forſtgrundſtücken erzielte etatsmäßige Ueberſchuß der Einnahmen über die Ausgaben unter Berückſichtigung der auf denſelben ruhenden Verbindlichkeiten und Ver- waltungskoſten zum Grundſteuerreinertrage ſteht.

Das Verhältniß iſt durch den zuſtändigen Miniſter alljährlich endgültig feſtzuſtellen und öffentlich bekannt zu machen.

Bekanntmachung.

In Gemäßheit der Vorschrift im § 44 des Kommunal-Abgaben-Gesetzes vom 14. Juli 1893 (Ges.-S. S. 152) mache ich hierdurch öffentlich bekannt, daß der bei der Veranlagung der Gemeinde-Einkommensteuer von fiskalischen Domänen- und Forstgrundstücken für das laufende Steuerjahr der Gemeinden zum Grunde zu legende, aus diesen Grundstücken erzielte etatsmäßige Ueberschuß der Einnahmen über die Ausgaben unter Berücksichtigung der auf denselben ruhenden Verbindlichkeiten und Verwaltungskosten nach den Etats für 1. April 1896/97

1. In der Provinz Ostpreußen	140,7 Proz.
2. „ „ „ Westpreußen	161,8 „
3. „ „ Stadt Berlin	0 „
4. „ „ Provinz Brandenburg . . .	149,1 „
5. „ „ „ Pommern	104,4 „
6. „ „ „ Posen	116,8 „
7. „ „ „ Schlesien	149,7 „
8. „ „ „ Sachsen	112,3 „
9. „ „ „ Schleswig-Holstein .	147,5 „
10. „ „ „ Hannover	101,9 „
11. „ „ „ Westfalen	77,9 „
12. „ „ „ Hessen-Nassau . . .	84,9 „
13. „ „ „ Rheinprovinz . . .	77,5 „

des Grundsteuer-Reinertrages beträgt.

Berlin, den 13. Juni 1896.

Der Minister für Landwirthschaft, Domänen und Forsten.

Im Auftrage: gez. Michelly.

Kassen- und Rechnungswesen.

83.

Stempel für Patente und Abschiede der Beamten.

Allgem. Verfg. des Ministers für Landwirthschaft 2c. an 1. die sämmtlichen Herren Ober-Präsidenten 2. den Herrn Präsidenten des Königlichen Ober-Landeskulturgerichtes, 3. den Herrn Präsidenten der Königlichen Ansiedelungskommission zu Posen, 4. die sämmtlichen Herren Regierungs-Präsidenten, 5. die sämmtlichen Herren Generalkommissions-Präsidenten, 6. die sämmtlichen Königlichen Regierungen, 7. die Königliche Ministerial-, Militär- und Baukommission, 8. die sämmtlichen Herren Gestüt-Dirigenten, 9. die Herren Rektoren: a) der Königlichen Landwirthschaftlichen Hochschule hierselbst, b) der Königlichen Thierärztlichen Hochschule hierselbst, 10. die Herren Direktoren: a) der Königlichen Landwirthschaftlichen Akademie zu Poppelsdorf bei Bonn, b) der Königlichen Forstakademien zu Eberswalde und Münden, c) der Königlichen Thierärztlichen Hochschule zu Hannover, d) des Königlichen Pomologischen Institutes zu Proskau bei Oppeln, e) der Königlichen Lehranstalt für Obst- und Weinbau zu Geisenheim a/Rh., 11. die Königliche Landesbaumschule zu Engers — zu Händen des Herrn Ober-Präsidenten zu Coblenz. — No. I. A. 3292. II. 5426. III. 9677.

Berlin, den 3. Juli 1896.

1. Die in der Ministerial-Instanz ertheilten Patente über Charakterverleihungen erfordern nach Tarifstelle 10 des Stempelsteuergesetzes vom 31. Juli 1895*) eine Stempelabgabe von 1,50 M., weil den Patenten gleichlautende Conzepte

---

*) S. den Art. 62. S. 134 b. Bds.

(Urschriften) zu Grunde liegen und diese Conzepte sich als Schriftstücke im Sinne der angeführten Tarifstelle darstellen, von welchen die Patente in Ausfertigungsform entnommen werden.

2. Zu landesherrlichen Titelverleihungen an Beamte ist der nach der angezogenen Tarifnummer für Ausfertigungen vorgeschriebene Stempel nicht zu verwenden, weil das bei den Akten befindliche Conzept nicht Allerhöchst gezeichnet wird und daher als Urschrift nicht betrachtet werden kann. Ebensowenig kann der in Tarifnummer 12 für Bestallungen vorgeschriebene Stempel dazu verlangt werden, indem unter Bestallungen nur Urkunden über Verleihungen eines Amtes zu verstehen sind.

3. Abschiede für Beamte sind auch nach Inkrafttreten des Gesetzes vom 31. Juli 1895 stempelfrei und zwar auch dann, wenn den Beamten in dem Abschied ein höherer Charakter oder Titel beigelegt wird.

Hiernach ist in vorkommenden Fällen zu achten.

Der Minister für Landwirthschaft, Domänen und Forsten.
Im Auftrage: Freiherr Seherr-Thoß.

84.

Aenderung in der Einreichung der Vierteljahrs-Abschlüsse von der Forstverwaltung.

Allgem. Verfg. des Ministers für Landwirthschaft ꝛc. an sämmtliche Königlichen Regierungen, mit Ausnahme von Aurich und Sigmaringen. III. 12877.

Berlin, den 4. September 1896.

Zur Verminderung des Schreibwerks wird fortan auf Einreichung eines Exemplares der Abschlüsse von der Forstverwaltung für die ersten beiden Vierteljahre $\left\{\frac{\text{April}}{\text{Juni}} \text{ und } \frac{\text{Juni}}{\text{September}}\right\}$ des Etatsjahres verzichtet.

Für diese beiden Vierteljahre bedarf es künftig nur noch der Vorlegung der schon seither mit den Abschlüssen eingereichten Nachweisung derjenigen Ausgabe-Zu- und Abgänge, welche bei der General-Staatskasse in Ab- und Zugang zu bringen sind. Diese von der dortigen Hauptkasse aufzustellende und von einem Rechnungsbeamten des Forstbureaus bezüglich der rechnerischen Richtigkeit und der Uebereinstimmung mit dem Abschlusse der Hauptkasse zu bescheinigende Nachweisung ist aber nicht an mich, sondern von dem dortigen Forstbureau kurzer Hand, ohne Begleitschreiben, unmittelbar an die Geheime Forstkalkulatur meines Ministeriums einzusenden.

Die Königliche Regierung wolle hiernach vom 2. Viertel des Etatsjahres 1896/97 ab verfahren.

Bezüglich der Einreichung des Abschlusses für das dritte Vierteljahr und des Finalabschlusses bewendet es bei dem bisherigen Verfahren.

Im Auftrage: Donner.

Forststrafrecht und Strafprozeß. Wasserrecht.

85.

Kann der, welcher es unternimmt, einen Forstbeamten während der rechtmäßigen Ausübung seines Amtes einzusperren, nach § 117 des Strafgesetzbuchs wegen „thätlichen Angriffs" bestraft werden?

Ein Förster hatte in rechtmäßiger Ausübung seines Amtes begonnen, den im Stalle des Angeklagten befindlichen Dünger zu untersuchen. Der Angeklagte war schnell aus dem Stalle hinausgesprungen und hatte versucht, die Stallthür zuzuschlagen, um ihn einzusperren; der Förster hatte dies verhindert, indem er schleunigst den Fuß zwischen Thür und Schwelle setzte. Die Strafkammer hat in diesem Verhalten des Angeklagten einen „**thätlichen Angriff**" erblickt und ihn nach § 117 Str.-G.-B. verurtheilt.

Das Reichsgericht hat die vom Angeklagten eingelegte Revision zurückgewiesen. Der höchste Gerichtshof führt aus: es handle sich um einen Versuch der Freiheitsberaubung; hierin liege ein Angriff, welcher unmittelbar auf den Körper eines Menschen sich richte. Ein solcher Angriff sei ein „thätlicher Angriff" im Sinne der §§ 113, 117 Str.-G.-B. Wolle man mit Rücksicht auf die engste Bedeutung des Wortes „Angriff" nur solche Handlungen als „thätlichen Angriff" ansehen, die auf ein Anfassen, ein Berühren des Körpers eines Andern abzielen, so würde dies weder mit dem Sprachgebrauche harmoniren, noch mit dem Zwecke des Gesetzes vereinbar sein; denn es sei klar, daß ein Beamter während der rechtmäßigen Ausübung seines Amtes so gut gegen Unternehmungen geschützt sein müsse, die darauf hinausgingen, ihn seiner persönlichen Freiheit zu berauben, als gegen solche, die auf körperliche Mißhandlungen abzielten.

Entscheidung des Reichsgerichts, II. Straffenats, vom 29. November 1895.

(Entscheidungen in Straffachen. Bd. 28. S. 32.)   K. D.

86.

„Drohung mit Schießgewehr" im Sinne des § 117 Abs. 2 des Strafgesetzbuchs. (Widerstand gegen die Staatsgewalt).

Die strengere Strafvorschrift des § 117 Str.-G.-B., betreffend Widerstand gegen einen Forstbeamten, wegen „Drohung mit Schießgewehr" **setzt voraus, daß der Thäter eine derartige Schußwaffe bei sich führte.** Im vorliegenden Falle hatte der Angeklagte dem Forstbeamten gedroht, er würde ihn mit einen Revolver erschießen, es war aber nicht mit Sicherheit festzustellen, ob der Angeklagte einem Revolver zur Hand hatte. Die strengere Strafvorschrift des Absatz 2 mußte deshalb außer Anwendung bleiben.

Entscheidung des Reichsgerichts, II. Straffenats, vom 17. April 1896.

(Entscheidungen in Straffachen. Bd. 28. S. 314.)   K. D.

87.

Was ist „**in den Verkehr bringen**" im Sinne des § 9 des Reichsgesetzes vom 19. Mai 1891, betreffend die Prüfung der Läufe und Verschlüsse der Handfeuerwaffen? — Kommt das Gesetz im Falle einer Zwangsversteigerung zur Anwendung?

Der Gerichtsvollzieher hatte unter andern Sachen ein Jagdgewehr gepfändet und, obwohl es mit dem vorgeschriebenen Prüfungszeichen nicht versehen war, versteigert. Die Strafkammer hat angenommen, der Gerichtsvollzieher habe das Gewehr nicht im Sinne des Gesetzes „in den Verkehr gebracht", und hat den Angeklagten freigesprochen; „in den Verkehr" komme es nur durch die **erstmalige** Ueberlieferung des Herstellers oder Händlers an den Erwerber.

Das Reichsgericht aber hat die Bestrafung des Gerichtsvollziehers für geboten erachtet: die Einschränkung des Begriffes „in den Verkehr bringen" auf den von der Strafkammer angeführten Fall widerspreche dem Sprachgebrauch, dessen sich der Gesetzgeber im § 324 Str.-G.-B. und § 12 des Gesetzes betreffend den Verkehr mit Nahrungsmitteln vom 14. Mai 1879 bediene. Wenn es hier heiße „wer verkauft, feilhält oder sonst in den Verkehr bringt", so sei es unzweifelhaft, daß der **Verkauf regelmäßig** und, von besonderen Fällen, in denen der Käufer die Sache für einen außerhalb des Verkehrs liegenden Zweck erwürbe, abgesehen, einen Akt des „in den Verkehr Setzens" enthalte. Aus der Entstehungsgeschichte des Gesetzes vom 19. Mai 1891 ergäbe sich übrigens klar, daß die ausgesprochenen Absichten des Gesetzgebers nicht lediglich auf Hebung der deutschen Exportindustrie, sondern zugleich auf eine „dem inländischen wie dem ausländischen Käufer" zu gewährende Sicherheit für die Güte der Waffe gerichtet gewesen seien. Der Reichsgesetzgeber habe bei Erlaß des Gesetzes, wie die Begründung des Regierungsentwurfes ergäbe, ein französisches Gesetz von 1870 und ein belgisches Gesetz vom 24. Mai 1888 zum Vorbild genommen. Bezüglich der strafrechtlichen Verantwortlichkeit aber findet sich ein Unterschied in den beiden ausländischen Gesetzen, das französische Gesetz bedrohe nur „les fabricants, marchands et ouvriers canonniers" mit Strafe, das belgische Gesetz dagegen bestimme im Art. 10 „**Nul** ne peut vendre" und im Art. 15 „**tout** contrevenant à la disposition de l'article 10" sei strafbar. Der deutsche Gesetzgeber sei sich also offenbar des großen Unterschiedes, ob nur der Produzent und Händler oder ob jeder Verkäufer zu bedrohen sei, bewußt gewesen und sei dem Vorbild des belgischen Gesetzes gefolgt: denn § 9 des Reichsgesetzes mache keinen Unterschied zwischen den in Betracht kommenden Personen und ebensowenig zwischen alten und neuen Waffen.

Der § 716 der Civilprozeßordnung bestimme nun zwar, daß der Gerichtsvollzieher die gepfändeten Sachen zu versteigern habe. Diese Vorschrift aber könne selbstverständlich nicht auf solche Sachen bezogen werden, deren Veräußerung gesetzlich verboten sei.

Entscheidung des Reichsgerichts, II. Straffenats, vom 21. April 1896.

(Entscheidungen in Straff. Bd. 28. S. 316.) R. D.

88.

Was ist ein Graben? § 100 A.-L.-R. I, 8.

I. Entscheidung des Oberverwaltungsgerichts, 3. Senats, vom 4. November 1895.
(Entscheidungen Bd. 29. S. 266.)

Au einer Wiese des Gutes G. im Kreise Koschmin (Posen) lief das Wasser bis zum Anfange der siebenziger Jahre durch eine auf der Wiese befindliche natürliche Bodenvertiefung wild ab. Als diese natürliche Rinne die durch verschiedene Ursachen vermehrte Wassermenge nicht mehr in genügender Weise abzuführen vermochte, forderte der zuständige Distriktskommissar um das Jahr 1873 den damaligen Pächter des genannten Gutes auf, im Interesse der Vorfluth einen Graben über die Wiese zu ziehen. Der Pächter entsprach dieser Verfügung, ohne sich mit dem Eigenthümer in Verbindung zu setzen. Der von dem Pächter angelegte Graben besteht noch jetzt und dient dem ordentlichen und gewöhnlichen Abflusse des Wassers, wurde auch 1890 auf Aufforderung des Distriktskommissars von dem derzeitigen Pächter des Gutes geräumt. Der Eigenthümer des Gutes hat später durch sein anstoßendes Forstgebiet den Graben um 20 Meter weiter geführt. In dem Forstgrundstücke findet dann das Wasser seinen weiteren Abfluß in ungeregelter Weise

Im Jahre 1893 gab der Distriktskommissar dem Eigenthümer des Gutes auf, den Graben zu räumen. Der Eigenthümer erhob gegen diese Verfügung nach fruchtlos eingelegtem Einspruche Klage. Dieselbe ist von allen Instanzen abgewiesen.

Das Oberverwaltungsgericht begründet dies Urtheil: die Entscheidung hänge lediglich von Beantwortung der Frage ab, **ob das Wasser durch den über das Eigenthum des Klägers geführten Graben seinen ordentlichen und gewöhnlichen Ablauf habe;** sei dies der Fall, so liege dem Eigenthümer nach § 100 A.-L.-R. I, 8 die Unterhaltungspflicht ob. Die §§ 99, 100 I, 8 lauten:

„Auch in den Privatflüssen darf zum Nachtheile der Nachbarn und Uferbewohner, durch Hemmung des Ablaufs derselben nichts unternommen oder geändert werden."

„Vielmehr ist der Regel nach ein Jeder die über sein Eigenthum gehenden Gräben und Kanäle, wodurch das Wasser seinen ordentlichen und gewöhnlichen Ablauf hat, zu unterhalten verbunden."

Die Vorinstanzen, so bemerkt der höchste Gerichtshof weiter, hätten zutreffend ausgeführt, daß jene Frage zu bejahen sei: das Wasser finde durch den Graben seinen **ordentlichen** Abfluß; unter dem ordentlichen Abflusse sei der „geregelte Abfluß im Gegensatze zu dem wild ablaufenden Wasser" zu verstehen; wenn etwa bei starkem Andrange das Wasser über den Rand des Grabens hinausträte, weil dieser die ganze Menge des Wassers nicht fassen könne, so sei dies unerheblich und stehe der Annahme eines ordentlichen Abflusses nicht entgegen; der Ablauf des Wassers durch den Graben sei auch der **gewöhnliche,** d. h. der „seit geraumer Zeit regelmäßig fort-dauernde"; denn seit 20 Jahren bestehe der Abfluß und habe nicht vereinzelte Male, sondern regelmäßig stattgefunden. Der Eigenthümer des Grundstücks sei also nach § 100 I, 8 zur Unterhaltung und Räumung des Grabens verpflichtet. (Früher sei allerdings von dem Obertribunal angenommen worden, der § 100 betreffe nur solche Gräben, welche das Wasser aus Privatflüssen oder Bächen abführen. Das Ober-tribunal aber habe später diese Ansicht fallen gelassen, und mit Recht, sie sei unhaltbar: gerade die der geregelten Abführung des sonst wild ablaufenden Wassers dienenden Gräben habe § 100 im Auge). Der § 100 I, 8 setze endlich auch nicht zu seiner

Anwendung eine Einwilligung des Eigenthümers zu der Anlegung des Grabens voraus. Die Einwilligung des Eigenthümers in Anlegung eines solchen Grabens sei zur Begründung der öffentlich=rechtlichen Räumungspflicht einerseits nicht genügend, andererseits nicht erforderlich. **Lediglich der thatsächlich bestehende Zustand sei entscheidend.** Es sei deshalb völlig unerheblich, ob der Pächter den Graben mit Genehmigung des Eigenthümers oder ohne sein Wissen gemacht habe. Zu welchem Zweck und aus welchem Grunde die Anlegung des Grabens erfolgt sei, sei ebenfalls unerheblich, der § 100 greife auch Platz, wenn der Graben lediglich im Interesse des oberhalb liegenden Grundeigenthümers hergestellt sei.

II. Entscheidung des Oberverwaltungsgerichts, 3. Senats, vom 19. Dezember 1895. (Entscheidungen Bd. 29. S. 269).

Der Amtsvorsteher zu P. hatte einem Grundeigenthümer aufgegeben, einen Graben zu räumen. Nach erfolglos eingelegtem Einspruche klagte der Eigenthümer auf Aufhebung der Verfügung, indem er behauptete, die vom Amtsvorsteher als Graben bezeichnete Erdvertiefung sei in Wirklichkeit kein Graben im Sinne des Gesetzes, da sie nicht künstlich angelegt sei, vielmehr eine natürliche Mulde oder Rinne darstelle.

Die beiden ersten Instanzen wiesen die Klage ab, indem sie den Einwand des Klägers für unerheblich erachteten. Das Oberverwaltungsgericht erklärt diese Ansicht für rechtsirrthümlich: der § 100 I, 8 A.=L.=R. beziehe sich nach fester Rechtsprechung des O.=V.=G. nur auf künstlich, d. h. von Menschenhand zum Zweck der Wasserführung, hergestellte Erdvertiefung; natürliche Mulden und Rinnen seien nicht Gräben im Sinne des § 100 I, 8.

Das O.=V.=G. hat die Sache zur anderen Verhandlung an den Bezirksausschuß zurückverwiesen: es soll weiter untersucht werden, ob etwa bei Gelegenheit früherer Räumungen der Rinne durch vorgenommene Arbeiten eine Umwandlung in einen Graben stattgefunden hätte. Wieviel oder wie wenig dazu erforderlich sei, um eine solche Umwandlung anzunehmen, könne nur nach der Gestaltung des einzelnen Falles beurtheilt werden; eine solche Annahme würde dann besonders nahe liegen, wenn der natürlichen Bodenrinne, sei es im Anschlusse an einen Graben oder ohne solchen) künstlich ein bestimmtes Profil gegeben werde; die stattgehabten Räumungen allein seien zur Annahme einer Umwandlung der Rinne in einen Graben nicht genügend.

Schließlich bemerkt das O.=V.=G.: eine natürliche Bodenvertiefung, durch welche das Wasser seinen ordentlichen und gewöhnlichen Ablauf habe, müsse auch ohne künstliche Aenderungen dann in rechtlicher Beziehung dem Graben gleichgestellt werden, **wenn sie nach der ihr gegebenen Bestimmung den integrirenden Bestandtheil eines Graben=zuges bilde.** R. D.

- - -

89.

Verunreinigung eines Privatflusses durch den Uferbesitzer.

Der Weißgerbermeister T. ist Eigenthümer eines an einem Privatflusse, dem S.=Bache, belegenen Grundstücks. Die Polizeiverwaltung hat auf Grund des § 27 Nr. 2, 3 des Feld= und Forstpolizeigesetzes vom 1. April 1880 und des § 3 des Gesetzes über die Privatflüsse vom 28. Februar 1843 gegen T. eine Verfügung dahin erlassen, daß er jede bei Benutzung seiner Gerberspüle, durch das Reinigen oder Aufweichen der Felle und das Waschen von Thierhaaren veranlaßte Verunreinigung des genannten Baches zu unterlassen habe.

Die in der Polizeiverfügung angezogenen Gesetzesstellen lauten:

§ 27 des F.-F.-P.-G.

„Mit Geldstrafe bis zu 50 M. . . . wird bestraft, wer unbefugt . . .

2. in Gewässern Felle aufweicht oder reinigt,

3. abgesehen von den Fällen des § 366 Nr. 10 des Strafgesetzbuchs, Gewässer verunreinigt oder ihre Benutzung in anderer Weise erschwert oder verhindert.“

§ 3 des Gesetzes über die Privatflüsse:

„Das zum Betriebe von Färbereien, Gerbereien, Walken und ähnlichen Anlagen benutzte Wasser darf keinem Flusse zugeleitet werden, wenn dadurch der Bedarf der Umgegend an reinem Wasser beeinträchtigt oder eine erhebliche Belästigung des Publikums verursacht wird.

Die Entscheidung hierüber steht der Polizeibehörde zu.“

Das Oberverwaltungsgericht hat die Polizeiverfügung für rechtsunwirksam erklärt: Das Wort „**unbefugt**“ im § 27 habe nicht die Bedeutung, daß jede Verunreinigung von Gewässern und also jede Benutzung derselben zum Aufweichen und Reinigen von Fellen zu gelten habe, welche nicht auf Grund einen hierzu **besonders** verliehenen oder erworbenen Befugniß geschehe. Eine solche **besondere** Befugniß sei weder vor dem Feld- und Forstpolizeigesetze nothwendig gewesen, noch auch durch dies Gesetz eingeführt worden. Die Berechtigung zur Benutzung eines Wassers könne sehr wohl aus anderen Rechten und Befugnissen sich herleiten lassen. Die Frage, ob die Benutzung eines Gewässers eine befugte oder unbefugte, ob insbesondere die Verunreinigung des Wassers erlaubt sei, könne nicht auf Grund des F.-F.-P.-G., sondern lediglich nach den Bestimmungen des sonst geltenden Rechts beantwortet werden.

Der höchste Gerichtshof führt dann aus, daß im vorliegenden Falle eine unbefugte Verunreinigung des S.-Baches nicht erwiesen sei. Der Weißgerbermeister T. sei Ufereigenthümer an dem genannten Privatflusse und habe kraft seines Eigenthumsrechts die Gesammtheit aller möglichen Nutzungsrechte an dem Wasser des sein Grundstück berührenden Theiles des Baches, er könne es gemäß § 1 des Gesetzes vom 28. Februar 1843 benutzen und also auch in beliebiger Weise zu seinem Gewerbebetriebe verwenden. Bei der Ausübung dieser seiner Rechte sei er nur an die Schranken gebunden, die allgemein der Ausnutzung von Rechten oder durch besondere Bestimmungen, z. B. des Gesetzes über die Privatflüsse oder des Fischereigesetzes, der Benutzung der Privatflüsse gezogen seien. Im § 44 des Fischereigesetzes sei das Röthen von Flachs und Hanf in nicht geschlossenen Gewässern allgemein verboten. Ein entsprechendes allgemeines Verbot für Aufweichen und Reinigen von Fellen sei nirgends getroffen. Gemäß § 27 Nr. 2 des F.-F.-P.-G. könne deshalb dem **Uferbesitzer** das Aufweichen und Reinigen von Fellen nicht verboten werden.

Es könne sich also lediglich noch darum handeln, ob der **Uferbesitzer** für Verunreinigung des Wassers, und im Bejahungsfalle inwieweit, nach § 27 Nr. 3 verantwortlich sei. Da der Uferbesitzer zu jeder beliebigen Benutzung des Flußwassers berechtigt sei, könne eine Verunreinigung des Wassers, die mit der Ausübung dieser Berechtigung verknüpft sei, an sich und im Allgemeinen nicht als eine unbefugte angesehen werden; sie gewänne vielmehr den Charakter des Unerlaubten erst dann, wenn sie die Schranken überschreite, welche dem Rechte des Uferbesitzers gezogen seien. Dies sei der Fall, wenn sie

1. **geeignet sei, gesundheitsschädlich zu wirken,**

2. wenn durch sie der Bedarf der Umgegend an reinem Wasser beeinträchtigt oder eine erhebliche Beläftigung des Publikums verurfacht würde (§ 3 des Gesetzes über die Privatflüsse vom 28. Februar 1843) oder

3. wenn dadurch fremde Fischereirechte geschädigt würden (§ 43 des Fischereigesetzes) und die zuftändige Behörde nicht die Genehmigung zu der Einleitung der schädigenden Stoffe ertheilt habe.

Im vorliegenden Rechtsftreite sei keiner dieser Fälle erwiesen.

Entscheidung des Oberverwaltungsgerichts, 3. Senats vom 25. November 1895. Entscheidungen Bd. 29, S. 287.   K. D.

90.
Oeffentlicher Fluß. Flößbarkeit.

Ein Fluß ift nach heutigem Rechte ein öffentlicher nur dann, wenn er fchiffbar ift. Nach gemeinem Rechte, nach Code vivil (Art. 538) und einigen anderen beutfchen Partifularrechten fteht die Flößbarkeit der Schiffbarkeit gleich. Anders nach preußifchem Landrechte: Die Flößbarkeit ift der Schiffbarkeit nicht gleichgeftellt.

(Es handelte fich im vorliegenden Falle um den Schwarzwaffer=Fluß im Kreife Pr. Stargard.)

Entfcheidg. des Oberverwaltungsgerichts, 4. Senats, vom 4. März 1896. (Entfcheidgn. Bd. 29 S. 240 flg.)

Anm. Das Bürgerliche Gefetzbuch enthält keine Vorschrift über den Begriff des Fluffes, das Einführungsgefetz beftimmt vielmehr im Art. 65:

"Unberührt bleiben die landesgefetzlichen Vorschriften, welche dem Waffer= recht angehören, mit Einschluß des Mühlenrechts, des Flötzrechts und des Flößereirechts, fowie der Vorschriften zur Beförderung der Be= wäfferung und Entwäfferung der Grundftücke und der Vorschriften über Anlandungen, entftehende Infeln und verlaffene Flußbetten."

                                                                             K. D.

Jagd und Fischerei.
91.
Das Regulativ, die Ausübung der ftädtischen Jagd von Einbeck betreffend, vom 22. Auguft 1855,

ift vom Kammergericht durch Entscheidung des Straffenats vom 29. Januar 1894 für formell und materiell gültig erklärt.

(Jahrbuch von Johow Bd. 15 S. 305.)   K. D.

92.

Ist das Einfangen kranken Wildes während der Schonzeit, wenn es in der Absicht geschieht, das Wild zu heilen und demnächst in den Wald zurückzubringen, strafbar?

Die Angeklagten hatten ein Rehkalb eingefangen. Sie behaupteten, sie hätten das Thier krank gefunden, anscheinend sei es von einem Raubthier verletzt worden; sie hätten es lediglich zum Zwecke der Heilung mitgenommen und es nach erfolgter Heilung wieder in den Wald bringen wollen.

Die Strafkammer hat diesen Einwand für unerheblich gehalten und die Angeklagten wegen Uebertretung des Wildschongesetzes verurtheilt. Das Kammergericht hat auf Revision der Angeklagten das Urtheil aufgehoben. Es verlangt eine nähere Prüfung des Einwandes der Angeklagten. Das Wildschongesetz setze zu seiner Anwendung voraus, daß das Einfangen der in ihm aufgezählten Thiere sich als eine **Ausübung der Jagd darstelle und zum Zwecke der Ausübung der Jagd erfolge.** Dies ergebe sich schon aus § 1 Abs. 1 des Gesetzes: „Von der Jagd sind zu verschonen..." Hiernach könne eine Bestrafung nur dann erfolgen, wenn der, welcher ein Thier eingefangen, dies in der Absicht gethan habe, das eingefangene Thier für sich oder Andere in Besitz zu nehmen.

Entscheidg. des Kammergerichts, Straffenats, vom 22. Februar 1894.

(Jahrbuch für Entscheidungen von Johow Bd. 15 (1896) S. 330.)

K. D.

93.

Der Streit über die jagdrechtliche Stellung einer Grundfläche als Waldenklave kann grundsätzlich nur zwischen allen Betheiligten — das sind die Besitzer der den betreffenden Jagdbezirk bildenden Grundstücke, der Waldbesitzer und der Eigenthümer der Grundfläche — ausgetragen werden.

Der Fideikomißbesitzer eines mehr als 3000 Morgen großen Waldes klagte gegen den Gemeindevorsteher zu M., als Vertreter der Gemeindejagdgenossenschaft, auf Ausschließung eines Theiles der .... Haide aus dem Jagdbezirke M., weil dieser Theil von seinem Walde größtentheils eingeschlossen sei (§ 7 des Jagdpolizeigesetzes).

Das Oberverwaltungsgericht hat die Klage abgewiesen, weil der Eigenthümer der Enklave nicht mitverklagt war.

Entscheidg. des Oberverwaltungsgerichts, 3. Senats, vom 20. Januar 1896.

Entscheidgn. Bd. 29 S. 303.

K. D.

94.

Bewirkt eine Eisenbahn eine Unterbrechung des Zusammenhanges eines Grundstückes oder sind die Eisenbahnen den Wegen, welche keine Unterbrechung des Zusammenhanges bewirken, gleich zu achten?

§ 2 des Jagdpolizeigesetzes vom 7. März 1850.

Der § 2 des J.-P.-G. bestimmt: „Zur eigenen Ausübung des Jagdrechts auf seinem Grund und Boden ist der Besitzer nur befugt:

a) auf solchen Besitzungen, welche in einem oder mehreren aneinander grenzenden Gemeindebezirken einen land= oder forstwirthschaftlich benutzten Flächenraum von wenigstens 300 Morgen einnehmen **und in ihrem Zusammenhange durch kein fremdes Grundstück unterbrochen sind. Die Trennung, welche Wege oder Gewässer bilden, wird als eine Unterbrechung des Zusammenhanges nicht angesehen.**

b) u. s. w."

Bei B. liegen Ländereien eines Eigenthümers von mehr als 300 Morgen, land= und forstwirthschaftlich benutzt. Dieselben werden durch die Eisenbahn in zwei Theile getrennt, deren jeder weniger als 300 Morgen enthält. Ein Ueberweg über den Schienenstrang ist nicht vorhanden. Die Gemeinde B. hat die Ländereien gemeinschaftlich mit den übrigen in Betracht kommenden Grundstücken zu einem Gemeindejagdrevier vereinigt und die Jagd in demselben verpachtet.

Der Eigenthümer jener Ländereien hat auf Feststellung der Befugniß eigener Jagdausübung geklagt. Der Kreisausschuß hat die Klage abgewiesen, weil ein Schienenstrang da, wo Ueberwege nicht vorhanden seien, thatsächlich und rechtlich eine Unterbrechung des Zusammenhanges bewirke, und im vorliegenden Falle ein Ueberweg nicht vorhanden sei.

Der Bezirksausschuß hob die Entscheidung des Kreisausschusses auf und verurtheilte die beklagte Jagdgenossenschaft nach dem Klageantrage: Die Entscheidung hänge allein von der Frage ab, ob der Schienenweg einer Eisenbahn eine Trennung im Sinne des Jagdpolizeigesetzes bilde; diese Frage aber sei zu verneinen, da das Gesetz ausdrücklich bestimme, daß Wege nicht trennten; Schienenwege aber seien Wege, auch im Sinne des J.=P.=G.; das Gesetz unterscheide nicht, ob der Weg ein öffentlicher oder ein privater sei, ob er von dem Eigenthümer der anliegenden Ländereien zu jeder Zeit und an jeder Stelle überschritten werden dürfe oder nicht; wenn ein Ueberweg nicht vorhanden sei, so sei dies unerheblich, weil hierdurch der Schienenweg nicht aufhöre, ein Weg zu sein.

Auf Revision der Jagdgenossenschaft hat das Oberverwaltungsgericht die Entscheidung des Bezirksausschusses aufgehoben und das abweisende Urtheil des Kreisausschusses wiederhergestellt. Der höchste Gerichtshof begründet diese Entscheidung folgendermaßen. Allerdings befinde sich der Bezirksausschuß in Uebereinstimmung mit der in Theorie und bisherigen Praxis herrschenden Ansicht (Entscheidg. des Obertribunals Bd. 65 S. 342, Wagner, Kohli, Dalcke, Stelling, Oppermann, Berger u. s. w.), auch in dem Entwurfe einer Jagdordnung von 1883 seien ebenfalls die Eisenbahnen den Wegen gleichgestellt worden; auch sonst sei der gleiche Standpunkt vertreten worden. Diese Ansicht sei trotz ihrer weiten Verbreitung unrichtig. Nach der klaren Bestimmung des J.=P.=G. sei **nur** eine Trennung durch Wege und Gewässer unerheblich, jede andere Trennung bewirke eine Unterbrechung des Zusammenhanges der Grundstücke, also auch die Eisenbahn. Wenngleich sie als Schienen**weg** bezeichnet werden möge, so sei sie doch begrifflich von dem Wege im Sinne des J.=P.=G. durchaus verschieden. Wege in diesem Sinne seien nur **öffentliche** Wege und solche Wege, zu deren Benutzung außer den Eigenthümern des Grund und Bodens noch andere Personen auf Grund eines öffentlich=rechtlichen Titels, vielleicht auch auf Grund eines privatrechtlichen Titels, befugt seien; jedenfalls aber nicht solche Wege, die dem Eigenthümer des Grund und Bodens uneingeschränkt und nicht durch ein Wegerecht belastet, gehörten. Die Eisenbahn sei nicht im Sinne des J.=P.=G. eine öffentliche Verkehrsstraße von gleicher Art, wie die erwähnten öffentlichen Wege und diene nicht in der Weise dem Verkehre, wie die Wege, an denen ein Wegerecht für Dritte bestehe. Das Grundstück, auf welchem der Schienenstrang liege, sei nichts weiter, als ein von dessen Eigenthümer (dem Staate oder einer Gesellschaft oder einer physischen Person) zur Ausübung des von ihm betriebenen Frachtgeschäftes durch ihn besonders hergerichtetes und hierzu von ihm benutztes Grundstück, und gliche insoweit einem Grundstück, welches sein Eigenthümer lediglich für sich als Weg liegen lasse und welches als ein reiner Privatweg unter keinen Umständen unter § 2, a des J.-P.-G., falle. Um die Gleichstellung der Eisenbahnen mit dem Wege im Sinne des J.-P.-G. zu begründen, sei eine ausdrückliche Bestimmung, wie sie sich auch z. B. im Kurhessischen Gesetze vom 7. September 1865 finde, nothwendig gewesen. Auch der innere Grund, aus dem die Wege den Zusammenhang nicht unterbrechen sollten, treffe bei der Eisenbahn durchaus nicht zu; dieser Grund sei darin zu suchen, daß die Wege ein dem Jäger den Uebergang von einem an ihm liegenden Grundstück zu dem gegenüberliegenden Grundstück ermöglichendes Kommunikationsmittel bilde; ein solches aber sei die Eisenbahn nicht, vielmehr sei ihr Betreten grundsätzlich verboten (§ 54 der Betriebsordnung für die Haupteisenbahnen Deutschlands vom 5. Juli 1892 und § 44 der Bahnordnung für die Nebeneisenbahnen Deutschlands vom 5. Juli 1892). — Wenn nun aber die Eisenbahn kein Weg im Sinne des J.-P.-G. sei, so unterbreche sie den Zusammenhang stets, **auch wenn Uebergänge vorhanden seien.**

Entscheidg. des Oberverwaltungsgerichts, 3. Senats, vom 20. April 1896. (Entscheidgn. Bd. 29 S. 294.)

Anm. Es ist hier nicht der Ort, diese Entscheidung zu kritisiren und die Bedenken anzugeben, welche ihr **für den Fall entgegenstehen, daß Uebergänge über die Eisenbahn vorhanden sind,** welche dem Jäger den Uebertritt von der einen zur anderen Seite ermöglichen.

Das Bürgerliche Gesetzbuch hat keine einschlägigen Bestimmungen. Es enhält, abgesehen vom Familienrecht und Vormundschaftsrecht, fast nur Civilrecht, nicht öffentliches Recht. Der Art. 69 des Einführungsgesetzes bestimmt aber außerdem noch:

> „Unberührt bleiben die landesgesetzlichen Vorschriften über **Jagd** und **Fischerei,** unbeschadet der Vorschrift des § 958 Abs. 2 des B.-G.-B. und der Vorschriften des Bürgerlichen Gesetzbuches über den Ersatz des Wildschadens.“

Art. 958 lautet: „Wer eine herrenlose bewegliche Sache in Eigenbesitz nimmt, erwirbt das Eigenthum an der Sache.

Das Eigenthum wird nicht erworben, wenn die Aneignung gesetzlich verboten ist oder wenn durch die Besitzergreifung das Aneignungsrecht eines Andern verletzt wird. K. D.

95.

Von den Grundstücken, welche einen isolirten, im Miteigenthume mehrerer Personen stehenden Hof umgeben, können nur die im Miteigenthume der sämmtlichen Hofbesitzer, nicht auch die im Sondereigenthume einzelner von ihnen stehenden Grundstücke, von dem gemeinschaftlichen Jagdbezirke der Gemeinde ausgeschlossen werden.

Entscheidg. des Oberverwaltungsgerichts, 3. Senats, vom 30. April 1896. (Entscheidgn. Bd. 29 S. 301.) K. D.

96.

Verhandlungen des Reichstags über die §§ 819, 819a des Entwurfs eines Bürgerlichen Gesetzbuchs nebst Einführungsgesetz, betr.
Wildschaden.

(112. Sitzung, am 23. Juni 1896.)

Präsident: Wir treten in die Tagesordnung ein. Gegenstand derselben bildet die

Fortsetzung der zweiten Berathung des bürgerlichen Gesetzbuchs in Verbindung mit der zweiten Berathung eines **Einführungsgesetzes** zu demselben.

Die Berathung beginnt mit §§ 819, 819a **(Wildschaden).**

Ich mache den Herren den Vorschlag, die Diskussion über die §§ 819 und 819a*) zu verbinden. Zu dem § 819 sind die Anträge**) der Herrn Abgeordneten Freiherr von Stumm-Halberg (No. 446 ad 1), Graf von Mirbach (No. 469), Freiherr von Gültlingen (No. 474), und zum § 819a die Anträge der Herren Abgeordneten Freiherr von Stumm-Halberg (No. 446 ad 1), Graf von Mirbach (No. 469) und kurz vor der Sitzung der Antrag Lenzmann (No. 488) noch hinzugekommen. — Mit der vorgeschlagenen Verbindung sind die Herren einverstanden. —

---

*) Die §§ 819 und 819a lauten:

§ 819.

Wird durch Schwarz-, Roth-, Elch-, Dam- oder Rehwild ein Grundstück beschädigt, an welchem dem Eigenthümer das Jagbrecht nicht zusteht, so ist der Jagbberechtigte verpflichtet, dem Verletzten den Schaden zu ersetzen. Die Ersatzpflicht erstreckt sich auf den Schaden, den die Thiere an den getrennten aber noch nicht eingeernteten Erzeugnissen des Grundstücks anrichten.

Ist dem Eigenthümer die Ausübung des ihm zustehenden Jagbrechts durch das Gesetz entzogen, so hat derjenige den Schaden zu ersetzen, welcher zur Ausübung des Jagbrechts nach dem Gesetze berechtigt ist. Hat der Eigenthümer eines Grundstücks, auf dem das Jagbrecht wegen der Lage des Grundstücks nur gemeinschaftlich mit dem Jagbrecht auf einem anderen Grundstück ausgeübt werden darf, das Jagbrecht dem Eigenthümer dieses Grundstücks verpachtet, so ist der letztere für den Schaden verantwortlich.

Sind die Eigenthümer der Grundstücke eines Bezirkes zum Zwecke der gemeinschaftlichen Ausübung des Jagbrechts durch das Gesetz zu einem Verbande vereinigt, der nicht als solcher haftet, so sind sie nach dem Verhältnisse der Größe ihrer Grundstücke ersatzpflichtig.

§ 819a.

Wird der Schaden durch Schwarz- oder Rothwild verursacht, das seinen Stand in einem anderen Jagbbezirke hat, so ist dem Ersatzpflichtigen gegenüber derjenige für den Schaden verantwortlich, welcher in dem anderen Jagbbezirke ersatzpflichtig sein würde.

**) Die Anträge lauten:

Nr. 446 ad 1: Die §§ 819 und 819a zu streichen.

Nr. 469: Die §§ 819 und 819a des Bürgerlichen Gesetzbuchs und den Art. 67 von den Worten: „Des Bürgerlichen Gesetzbuchs" ab sowie die Art. 68, 69 und 70 des Einführungsgesetzes zu streichen.

Nr. 474: Im § 819 die Worte „durch Hasen" zu streichen.

Nr. 488: Den § 819a der Kommissionsbeschlüsse folgendermaßen zu fassen:

§ 819a: Wird der Schaden durch Schwarz- oder Rothwild verursacht, das seinen Stand in einem anderen Jagbbezirke hat, so ist den Ersatzpflichtigen gegenüber derjenige für den Schaden verantwortlich, welcher ersatzpflichtig sein würde, wenn das beschädigte Grundstück in dem anderen Jagbbezirk läge.

In der eröffneten Diskussion hat das Wort der Herr Abgeordnete Pauli.

Abgeordneter **Pauli**: Meine Herren, anfänglich hatte die Kommission für das bürgerliche Gesetzbuch beschlossen, die Jagdfrage ganz aus dem Gesetz herauszulassen, und das war vom prinzipiellen Standpunkt auch nicht unrichtig. Solange in Deutschland ganz verschiedene Jagdrechte in großer Zahl bestehen, so lange ist es mißlich, einen einzelnen Punkt daraus festzulegen, wenn die übrigen nicht geregelt werden, und wir stehen noch auf dem Standpunkt, daß es besser wäre, der Landes=gesetzgebung die Sache vorzubehalten, — obgleich wir anerkennen müssen, daß aller=dings dort ein Unrecht geschieht, wo gar kein Wildschaden bezahlt wird, und daß dann der Reichstag kein Mittel gehabt hätte, die Regierungen, welche bis jetzt kein Wildschadengesetz gehabt haben, zu solchem zu zwingen. Nun ist die Kommission von diesem Standpunkt abgegangen und hat § 819 in das Gesetz aufgenommen, und unsere XII. Kommission*) ist noch weiter gegangen und hat diesem § 819 die Hasen und Fasanen hinzugefügt und einen ganz neuen Paragraphen, die Regreßpflicht be=treffend.

Meine Herren, was den Hasenschaden betrifft, so sind darüber in den meisten Theilen Deutschlands die Meinungen nicht getheilt, daß der Hase als einzeln leben=des Thier, nicht als Rudelwild, einen Schaden auf dem Felde verursacht, und daß dort, wo der Hase Schaden verursacht, wie z. B. wenn gesagt wurde, daß er in einzelnen Gegenden die Runkelrüben beschädigte, in einzelnen die Kohlarten die in großen Mengen auf dem Felde gebaut werden, daß in jenen Gegenden, z. B. in Hessen, ein Wildschadengesetz für Hasen existirt; und die Landesgesetze werden ja da=durch nicht geändert, das wir hier in dem Paragraphen den Hasen streichen.

Nun wurde mir eingewandt — ich glaube, es war der Herr Abgeordnete Stadthagen —: wenn die Hasen keinen Schaden machten, könnte ich ja zufrieden sein, dann brauchten sie ja nicht gestrichen zu werden. Nun, meine Herren, es würde dann da ein anderer Schaden herauskommen. Gerade diejenigen Leute, denen Sie mit dem Wildschadengesetz helfen wollen, die kleinen Gemeinden, würden es sehr fühlbar empfinden, wenn der eine oder der andere Schade, selbst wenn er sehr gering ist, vielleicht nur einige Pfennige beträgt, die nachweißbar sind den Jagdpächter mit chikanösen Prozessen bedroht. Die Jagdpachten sind in den letzten zwanzig Jahren bedeutend gestiegen; solche, die früher 40 bis 50 Mark betrugen, sind auf viele Hunderte gestiegen, und dieses Jagdgeld ist für die meisten kleinen Gemeinden, z. B. in unserer Umgebung, ein sehr wesentlicher Faktor in der Jahresrechnung. Die kleinen Leute müssen vielfach baar Geld zu den Steuern geben, wenn sie nicht durch die Jagdpacht davon befreit würden, und so bezahlt der Hase doch durch die Jagd=pacht einen großen Theil des Schadens zurück.

Was nun die zweiten neu hineingenommenen Jagdthiere betrifft, die Fasanen, so muß allerdings zugegeben werden, das die Fasanen, wenn sie in großer Menge vor=kommen, Schadenwild sind, weil, wie ich vorhin schon sagte, Schadenwild immer gesellig lebendes Wild sein muß. Wo es nur wilde Fasanen giebt, da sorgt schon das Raubzeug und das Wetter dafür, daß sie sich nicht etwa zu Unmengen ver=mehren. Wo sie nur einzeln vorkommen, wie auf den Wildbahnen, da ist von Schaden keine Rede. Wo allerdings Fasanerien bestehen, in denen Hunderte und Tausende von Fasanen gehalten werden, da richten ja diese Thiere allerdings einen erheblichen

---

*) Der Kommissions=Bericht ist am Schluß dieses (96.) Artikels zum Abdruck gelangt.

Schaden an. Dieser wird eben in den meisten Fällen den Fasaneriebesitzer treffen, und dieser wird möglichst dafür sorgen, daß seine Fasanen nicht in so großer Menge auf die Nachbarfelder gehen, weil sie ihm ja dort weggeschossen werden, — und wer die Praxis der Fasanenjagd kennt, wird mir zugeben müssen, daß der Fasan aller- dings nur eine kurze Zeit des Jahres weiter herumreviert, und daß ein erfahrener Fasanenjäger diese 8, 14 Tage sehr wohl im Stande ist, die Fasanen durch Scheuchen, da sie nicht gern beunruhigt werden, von den fremden Grenzen zurückzuhalten.

Es ist für die Jagdpacht und den ganzen Zustand der Bauernjagd in unsern Gegenden der Fasan ziemlich unwichtig, der Hase dagegen sehr wichtig, und Sie thun, wenn Sie den Hasen in dem Paragraphen lassen, in unseren Provinzen Norddeutsch- lands den Leuten, die sie schützen wollen, mehr Schaden als Nutzen.

Meine Herren, ich komme weiter zum § 819a, zur Regreßpflicht. Ich will nicht zu lange sprechen: ich will Ihnen nur die wichtigsten Gründe, die gegen diesen Paragraphen sprechen, hier nennen. Erstens ist es sehr schwer, zu sagen, was Standwild ist, und in der geringen Fläche Deutschlands, in der diese Regreßpflicht besteht, ist es eine crux für Sachverständige und Richter. Der Sachverständige sagt: ich kann weder das behaupten, noch kann ich jenes behaupten; die Wälder liegen benachbart und hintereinander, in denen Hirsche vorkommen; ich kann nicht behaupten: die Hirsche sind von dort gekommen. Insofern ist es auch eine crux für den Richter, ein Urtheil fällen zu müssen, welches gewissermaßen ein Würfel- spiel ist, ob er dem Mann Recht oder Unrecht thut. Ich kann Ihnen aus meinem eignen Wahlkreise Reviere nennen, wo vier Hirschreviere so aneinander grenzen, daß aus allen Revieren Hirsche auf diese Feldmark heraustreten können. Die Hirsche scheuen einen langen Weg nicht. Die Hirsche, die dem A gehören und aus seinem Walde heraustreten wollen, werden vielleicht dadurch, daß in der Gegend ein Schuß fällt oder ein Mann auf dem Felde etwas länger arbeitet, dazu gebracht, in großem Bogen aus dem Walde des C herauszutreten; der C wird nun regreßpflichtig gemacht und zu Unrecht durch diese Regreßpflicht verurtheilt.

Ferner kommt hier die Jagdpacht wieder in Betracht. Bedenken Sie, meine Herren, — es wurde schon in der Kommission gesagt: die ganze Regreßpflicht sei dazu da, um überhaupt den Wildschaden abzuschneiden dadurch, daß man diejenigen Waldbesitzer, die so große Waldungen besäßen, daß Hirsche und Schweine darin le- ben, zwänge, einzugattern. Meine Herren, das Eingattern ist eine zweischneidige Sache; lassen Sie mich das Ihnen an einem Beispiel kurz klar machen.

Ich kann mich da auf den Herrn Regierungsvertreter berufen, der mir gesagt hat, daß sogar Petitionen kleiner Gemeinden eingegangen seien, nicht einzugattern, weil sie sonst ihre Jagdpacht verlören. Ich will auf die Stadt Biesenthal in unserer Nachbarschaft exemplifiziren. Zwei Herren aus Berlin zahlen in Biesenthal 7500 Mark Jagdpacht, und wenn auch hier im Hause eine Summe von 7500 Mark ziem- lich gering klingt, wo wir immer mit Hunderttausenden zu thun haben; — für den Etat einer Stadt wie Biesenthal, sind 7- bis 8000 Mark sehr viel. In dem Au- genblick, wo die Königliche Forst und die anderen anliegenden Forsten eingegattert werden, giebt kein Mensch in Biesenthal mehr 100 Mark für diese Jagd. Sie würden sich lieber gefallen lassen, daß ihnen gesagt würde: ihr erhaltet gar keinen Schaden- ersatz; das ist viel unwichtiger als ihre 7000, 8000 Mark, die sie sehr nöthig brauchen.

Nun komme ich zu dem Hauptgrund, der doch eigentlich bei den Herren Ju- risten durchschlagend sein müßte. Wir wollen geltendes, bewährtes Recht kodifiziren und für Deutschland verallgemeinern. Wo gilt die Regreßpflicht? In einem ganz kleinen Theile Deutschlands, vielleicht in 7 Prozent, in einem Fünfzehntel unseres Vaterlandes; und wenn wir nun von einem Fünfzehntel die Sache auf vierzehn Fünfzehntel ausdehnen wollen, so müssen wir uns fragen: hat sich das Recht in dem einen Fünfzehntel wenigstens bewährt oder nicht? Da wird uns über Hannover gesagt — und zwar von Herren, die dort sachlich nicht interessirt sind —, daß es sich durchaus nicht bewährt hat. Es sind dort in der letzten Zeit zwei Prozesse, die ich Ihnen beispielshalber anführen will. Sie finden die genauen Zahlen in der Denkschrift des Herrn Landforstmeisters Danckelmann, des Regierungskommissars. Da sind bei 70 Mark Schaden 600 Mark Prozeßkosten und bei 107 Mark Schaden 500 Mark Prozeßkosten vorgekommen. In Hannover spricht man ganz allgemein davon: die Sache hat sich nicht bewährt. Und da sollten wir uns hüten, ein Recht, das in einem so kleinen Theil nur bestand und sich dort nicht bewährt hat, in ein Gesetzbuch zu bringen, woran binnen Jahrhunderten vielleicht nicht wieder reformirt werden kann.

Schon aus diesem letzten Grunde möchte ich befürworten, die Regreßpflicht fallen zu lassen. Wir stiften damit eine große Menge chikanöser Prozesse, die mehr kosten, als sie werth sind, die keinem Menschen zum Nutzen gereichen. Den Leuten, denen der Wildschaden gezahlt werden soll, kann die Regreßpflicht gleichgiltig sein; die bekommen den Wildschaden gut bezahlt, und der Regreß kann erst nachher genommen werden. Also der Mann, dem der Hirsch die Kartoffeln verwüstete, bekommt sein Geld so wie so, ohne Regreßpflicht. Ich bitte Sie nochmals, wenn Sie sich nicht entschließen können, die ganze Materie der Landesgesetzgebung zu übergeben, die Regreßpflicht zu streichen und die Hasen resp. die Fasanen aus dem Gesetz herauszunehmen. (Bravo! rechts.)

Präsident: Ich will Ihnen die Mittheilung machen, daß zu § 819a, welcher mit zur Diskussion steht, namentliche Abstimmung beantragt ist von den Herren Abgeordneten Lenzmann und Genossen. Dieser Antrag ist ausreichend unterstützt.

Das Wort hat der Herr Abgeordnete Graf von Mirbach.

Abgeordneter Graf **von Mirbach:** Meine Herren, die Lösung der Wildschadenfrage ist juristisch vielleicht nicht so außerordentlich schwierig; aber es ist sehr schwer, sie praktisch zu lösen, wenn man nicht den Weg beschreiten will, durch den Versuch der Remedur' anläßlich kleiner Beschwerden sehr viel größeren Schaden hervorzurufen. Ich meine, den Weg würden wir zu meinem lebhaften Bedauern beschreiten, wenn Sie den Beschlüssen der Kommission Folge geben wollten.

Es handelt sich bei der ganzen Wildschadenfrage lediglich um gemeinschaftliche Jagdbezirke, d. h. um die Gemeinden. Die Gutsbezirke scheiden von vornherein aus; in denen hat der Besitzer das Jagdrecht. Er kann es ausüben, wie er will. Er kann die Feldfrüchte vor Schaden ganz bewahren, indem er einen sehr rücksichtslosen Abschuß ausübt; oder umgekehrt, er kann etwas von den Feldfrüchten opfern und einen schonenden Jagdbetrieb eintreten lassen, sei es zu seinem Vergnügen, sei es im finanziellen Interesse wegen erhöhter Einnahmen aus der Jagd. In den Gemeinden ist die Ausübung des Jagdrechts beschränkt. Nicht jedem Einzelnen steht es zu. Hier kann es nur ausgeübt werden durch einen angestellten Jäger, oder indem die Jagd verpachtet wird. Letzteres ist die Regel. Wir müssen eben mit den realen Verhältnissen rechnen. Wenn wir eine unpraktische Wildschadengesetzgebung konstruiren, schädigen wir auf das allerempfindlichste die Gemeinden. Dazu möchte ich die Hand nicht bieten. Wenn wir Großgrundbesitzer, denen ich mich zurechnen darf, mit großen geschlossenen Jagdbezirken, egoistisch handelten, dann wäre für uns das denkbar schlechteste Jagdgesetz das vortheilhafteste. Wie würde unser Wildstand an ideeller Bedeutung und an reellem Werth steigen, wenn durch eine ungeschickte Wildschadengesetzgebung die Jagd ganz zu Grunde gerichtet würde in den Gemeinden! Das ist der durchschlagende, entscheidende Punkt in dieser Frage. Wir haben uns zu fragen: wie schützen wir das für die Gemeinden sehr werthvolle Jagdrecht? Lediglich auf diesen praktischen Standpunkt soll man sich stellen, — alles übrige sind unfruchtbare Theorien. Nun steht der Wildschaden in der allerengsten Beziehung zu der ganzen Jagdgesetzgebung, — hier hat man ihn wohl aus juristischer Liebhaberei eingefügt in die allgemeinen Bestimmungen über den Schaden. Dahin gehört aber diese Frage praktisch nicht, sondern dahin, wohin sie in Preußen gestellt ist, in die Jagdgesetzgebung. Wir haben ja in Preußen in der Jagdordnung von 1891 eine relativ nicht zu ungünstige Lösung gefunden. Nun soll durch das bürgerliche Gesetzbuch doch nichts neues geschaffen werden es soll nur das bestehende Recht kodifizirt werden. Gegenüber den Bestimmungen, die in Preußen, also in der erheblichen Mehrheit des Deutschen Reichs, gelten, haben die Herren in der Kommission selbst und auch schon in dem Entwurf einen ganz anderen Weg beschritten hinsichtlich der Konstruktion des zum Ersatz Verpflichteten.

Das Jagdrecht ist, wie ein Blick auf die in Deutschland bestehenden Jagdgesetzgebungen beweist, ein unendlich verschiedenes und muß es auch sein. Bodenvertheilung, Klima und Kulturzustand erfordern das unbedingt. Wenn man also, wie das allein richtig ist, die Bestimmungen über den Wildschaden anlehnen will an die Jagdgesetzgebung, so darf man den Wildschaden nicht reichsgesetzlich regeln, — Sie müssen ihn den einzelnen Ländern überlassen. Ich bin nicht so weit Unitarier, daß ich überall da, auch wo es nicht nothwendig ist, ja wahrscheinlich bedenklich, die Reichsgesetzgebung eintreten lassen will statt der Landesgesetzgebung. Im Gegentheil, ich bin Föderalist, insofern ich den Einzelstaaten alles das überlassen will, was eben richtiger den Einzelstaaten gebührt. Meine Herren, die Konstruktion der Ersatzpflicht bei den gemeinschaftlichen Jagdbezirken weicht meines Erachtens doch sehr erheblich ab von der bestehenden preußischen Gesetzgebung. Bei uns in Preußen ist doch — und wir stehen auch hier auf preußischem Boden, wenn auch nicht in diesem Hause — die Gemeinschaft der Grundbesitzer ersatzpflichtig. Hier heißt es „der Jagdberechtigte". Ja, das kann vielleicht dasselbe sein, aber es kann auch ebenso gut der Jagdpächter sein. Wir haben in Preußen von vornherein den Jagdpächter ausgeschlossen von einer solchen Verpflichtung und zwar mit vollem Recht. Wenn Sie an Stelle der Gemeinschaft der Grundbesitzer den Jagdpächter setzen, so gehen Sie von ganz falschen Voraussetzungen aus. Man kann doch nicht das Wild ganz allgemein als etwas Schadenverursachendes ansehen, — Sie müßten denn annehmen, daß jedes Minimum an Feldfrüchten, welche das Wild konsumirt, eine Schädigung sei. Das ist aber vollkommen unzutreffend, denn der Grundbesitzer hat doch einen erheblichen Nutzen aus dem Wild, aus der Jagd, und nur das Plus des Konsums seitens des Wildes gegenüber dem Nutzen, den es erbringt, können Sie verständigerweise als einen Schaden ansehen. Sie müßten ja sonst zu der Konsequenz kommen, daß sich das Wild ernähren könnte einfach vom Licht und von der Sonne. Davon kann doch keine Rede sein. Also ich meine, es ift sehr wohl denkbar, und wo eine rationelle Jagdpflege besteht, ist es thatsächlich der Fall, daß das Wenige, was das Wild an Feldfrüchten perzipirt, von sehr viel geringerer Bedeutung ist als der Nutzen, den es gewährt. Daraus folgt, daß die Gemeinschaft der Grundbesitzer, die ja aus dem Jagdrecht beziehungsweise aus dessen Verpachtung den Nutzen zieht, auch die Verpflichtung hat, den Wildschaden zu tragen, d. h. ihn richtig zu vertheilen, also dem Einzelnen, der vielleicht, weil sein Grund-stück nahe an Büschen liegt, eine etwas größere Perzeption an seinen Feldfrüchten auf seinem Grundstück mehr zu gewähren, als den Uebrigen. So haben wir die Dinge in Preußen konstruirt, — und hier beschreiten Sie einen ganz anderen, meines Erachtens ganz falschen Weg.

Ich kann mich nicht dahin belehren lassen, daß unter den Jagdberechtigten hier unter allen Umständen die Gemeinschaft der Grundbesitzer steht. Ich gebe ja zu, daß in Preußen die Gemeinschaft der Grundbesitzer die Schadenersatzverpflichtung auch abwälzen kann auf den Jagdpächter. Das ist denkbar und geschieht in einzelnen Fällen, aber nur secundo loco, und der Jagdpächter ist durchaus nicht gezwungen, darauf einzugehen. Schon in Bezug auf die Schätzung ergiebt sich auch aus dem Grundsatze des preußischen Rechts etwas sehr wichtiges. Wenn die Gemeinschaft der Grundbesitzer verpflichtet ist zum Ersatz des Wildschadens, so sind es eben Nachbarn, die das unter sich ganz verständig reguliren werden. Ganz anders aber liegt das gegenüber dem Jagdpächter, der gewissermaßen als eine fremde Persönlichkeit hinzu-tritt, die auszubeuten man häufig geneigt ist. Dadurch werden aber solvente Jagd-pächter, die etwas zu verlieren haben, abgeschreckt, zum Schaden der Gemeinden.

Meine Herren, wir müssen gerade in dieser Frage vollkommen ruhig und sachlich prüfen, wenn wir nicht bedenkliche Fehler begehen wollen. Also ich meine, schon von diesem Gesichtspunkt aus ist die Gesetzgebung, wie sie hier vorgeschlagen ist, ein erhebliches Abweichen von Grundsätzen, die sich in der Mehrheit des Deutschen Reichs, in Preußen, bewährt haben, und schon unter dem Gesichtspunkt würde ich unter keinem Umstande die Hand dazu bieten, diese Bestimmungen des § 819 und namentlich selbstverständlich nicht die des § 819 a in die Reichsgesetzgebung auf-zunehmen. Meine Herren, der Wildschaden gehört mit zur Jagdgesetzgebung und damit in das Gebiet der Landesgesetzgebung.

Nun, meine Herren, komme ich zur Besprechung der Regreßpflicht. Auch hier finde ich durchaus nicht eine Kodifikation bestehenden Rechts. Wo besteht denn eine Regreßpflicht? Allein in Hannover, also in einem sehr kleinen Theile des Deutschen Reichs; im übrigen ist eine solche Regreßpflicht nirgends zu finden, und schon des-halb sollte man sich hüten, dieses Novum mit ins bürgerliche Gesetzbuch hineinzu-nehmen. Juristisch ist die Regreßpflicht doch thatsächlich ein Unding; denn in dem-selben Moment, wo ein Wild den Wald verläßt, ist es res nullius — jedenfalls hat der Waldbesitzer kein Okkupationsrecht mehr daran — und doch soll er ver-pflichtet sein, einen Schadenersatz zu leisten! Sie können also juristisch den Regreß gar nicht rechtfertigen, höchstens den Versuch machen, ihn zu rechtfertigen aus der Praxis heraus.

Meine Herren, zunächst ist es für den Verletzten, für den Nachbar des Waldes doch vollkommen gleichgiltig, ob der Regreßpflichtige herangezogen wird; er bekommt ja in jedem einzelnen Falle auf Grund der bestehenden Gesetzgebung, sei es nach der preußischen Landesgesetzgebung, sei es, daß Sie die Bestimmung des § 819 ein-führen, den vollen Ersatz. Darüber besteht kein Zweifel. Es verändert sich nur die

Verpflichtung in Bezug auf den Ersatz entweder hinsichtlich der Gemeinschaft der Grundbesitzer nach preußischem Recht, oder nach Ihren Vorschlägen, wie ich sie auffasse, hinsichtlich des Jagdpächters. Wenn die Gemeinschaft der Grundbesitzer ein solches Recht erhält, so halte ich das für vollkommen falsch. Sie haben ja, wenn das Wild übertritt, die Möglichkeit, es durch einen angestellten Jäger schießen zu lassen; die heutigen Schußwaffen erleichtern das sehr. Und da sollen sie noch entschädigt werden für einen Schaden, den das ihnen gehörige, von ihnen erlegte Wild verursacht hat! Das ist doch ungerecht und unbillig. Andererseits: wenn dem Jagdpächter ein solches Plus zugebilligt wird zum Nachtheil des benachbarten Waldbesitzers, so ist das erst recht ungerecht. Er hat das Jagdvergnügen und soll gar nichts tragen für den Wildschaden, der trifft vielmehr jemand, der den Dingen ganz fernsteht. Meine Herren, wer ist nun aber der zum Ersatz Verpflichtete? Es liegen doch in der Regel die Wälder im Gemenge in größerer Anzahl nebeneinander. Ja, der nächste! wird man sagen, der vielleicht einen ganz schmalen Streifen bildet, wo sehr wenig Wild steht; es steht vielleicht in Revieren von Eigenthümern, die zwei bis drei Meilen dahinter ihren Wald haben, oder beim zweiten, dritten, vierten Nachbar. Meine Herren, wer will da auch nur annähernd den Beweis führen? Ich halte diese Regreßpflicht wirklich für etwas, was in geradezu diametralem Widerspruch steht zu einer rechtlich begründeten Auffassung und zu den thatsächlichen Verhältnissen. Ich meine, vor allen Dingen müßte man doch die Erfahrung gemacht haben — und das hat schon einer der Herren Vorredner angeführt —, ob denn in Hannover diese Regreßpflicht sich bewährt hat. Da aber kann ich mit vollem Recht sagen: das Gegentheil ist zutreffend. Kein Mensch ist dort erfreut darüber; es sind eine Menge Prozesse daraus entstanden um geringfügige Objekte und mit maßlosen Kosten. Es ist nirgends etwas dadurch verbessert worden; im Gegentheil, die dortigen Zustände sind erheblich verschlechtert worden.

Meine Herren, zum Schluß noch eins: wenn Sie die Regreßpflicht in die Gesetzgebung aufnähmen und sie rigoros ausführten, was wäre die Folge davon? Eine allgemeine Eingatterung. Das würde ich im nationalökonomischen Interesse auf das lebhafteste beklagen. Meine Herren, die Besitzer größerer Forsten sind in der Regel passionirte Jäger; das kann ihnen niemand verdenken, das ist ja an und für sich nichts schlechtes. Zwingen Sie dieselben zur Eingatterung, so werden sie, um deren Kosten zum Theil herauszuschlagen, wohl ausnahmslos dazu übergehen, einen sehr starken Wildstand in dem eingegatterten Waldrevier zu erziehen. Was ist die Folge davon? Eine bedeutende Deteriorisation der Holzbestände. Sehen Sie sich die eingegatterten Wälder an, in denen Hochwild in Massen gehalten wird, da finden sie, daß das Wild selbst degenerirt, und daß der Zuwachs des Holzes bedeutend abnimmt. Ich denke, daß wir alle, die wir die Dinge nicht auf den Kopf stellen wollen, doch das wünschen werden, einen mäßigen Wildstand in freier Wildbahn, der wohl allen zur Freude gereicht, zu erhalten, aber nicht mehr. Machen Sie hier nicht Experimente, die diese Freude verleiden, und behandeln Sie die Frage nicht vexatorisch.

Ich bin am Schluß meiner Ausführungen und möchte als Prinzip nochmals wiederholen: Wenn irgend ein Theil der Gesetzgebung den Einzelstaaten gebührt, so ist es dieser in Anlehnung an deren Jagdgesetzgebung. (Bravo! rechts.)

Abgeordneter **Gröber:** Der Herr Kollege Pauli hat in seinen Ausführungen besonders Gewicht auf den Satz gelegt: wir wollen geltendes gemeines Recht kodifiziren. Wenn die Herren von diesem Gesichtspunkt ausgegangen sind, dann dürften sie aber die Streichung des Paragraphen über den Wildschaden nicht verlangen; denn das ist geltendes gemeines Recht im größten Theile von Deutschland, und wo es noch nicht gilt, sieht man es allgemein, wenigstens in besseren Kreisen, als eine sehr zurückgebliebene Entwicklung an, die der Verbesserung bedarf, und die wohl auch jetzt verbessert werden wird, hoffentlich auch mit Hilfe des Herrn Pauli und seiner Freunde.

Meine Herren, die Frage des Wildschadens ist so oft in deutschen Landtagen behandelt worden, daß man eigentlich etwas neues zur Sache nicht sagen kann, und die Herren, die heute darüber gesprochen haben, haben auch nichts neues gesagt, wie ich auch für mich nicht in Anspruch nehmen kann, etwas neues zu sagen. Die Frage ist einfach die: was verdient den höheren Rechtsschutz: das Eigenthum und die Arbeit, oder das Vergnügen und die Ausbeutung des fremden Eigenthums? (Sehr wahr! links.) So stellen sich bei der Wildschadenfrage im allgemeinen die Gegensätze, und die Herren, die da behaupten, eine Wildschadenfrage gehöre nicht in das bürgerliche Gesetzbuch, vergessen ganz, daß es sich um den Schutz des Eigenthums handelt, und das Eigenthum im bürgerlichen Gesetzbuch geregelt wird. Es wäre eine unbegreifliche Lücke im bürgerlichen Gesetzbuch, wenn man nicht auch die Wildschadenfrage bei einer so grundlegenden Gesetzgebung behandeln wollte. Man mag ja über den Umfang der Wildschadenfrage verschiedener Ansicht sein, da können die Anschauungen leicht auseinander gehen, und sie gehen auch auseinander; aber darüber, daß diese Frage in das bürgerliche Gesetzbuch gehört, sollte eigentlich im hohen Hause eine Meinungsverschiedenheit nicht bestehen. Haben doch auch Herren von hochkonservativer Gesinnung, sogar Mitglieder des preußischen Herrenhauses (Heiterkeit), sich für die Anerkennung des Wildschadenanspruchs ausgesprochen, weil sie erklärt haben, es handle sich bei dem Wildschaden darum, daß durch das öffentliche Recht, durch das Jagdgesetz, dem Eigenthümer verboten wird, die Erzeugnisse seines Bodens selbst genügend zu schützen gegen das Wild; es wird genau vorgeschrieben, wie weit der Grundbesitzer in Abwehrmaßregeln gegen das Wild gehen kann. Die ganze Jagdordnung, insbesondere die Bestimmungen über die Schonzeit, erfordern eine gesetzliche Bestimmung, wie dem geschädigten Grundbesitzer der Schaden ersetzt werden soll.

Ich befinde mich sogar in Uebereinstimmung mit der Königlich preußischen Regierung, wenn ich sage, die Regelung der Frage gehöre in das bürgerliche Gesetzbuch.

Das will ich nicht unterlassen gegenüber den Herren Kollegen aus Preußen hervorzuheben: die Königlich preußische Regierung (Zuruf rechts) — die Königlich preußische Regierung hat bei der Einbringung des Gesetzentwurfs betreffend die Jagdordnung im Jahre 1883 im preußischen Landtag ausdrücklich in den Motiven erklärt, sie wolle die Wildschadenfrage in dem Gesetzentwurf deshalb nicht behandeln, weil das „eine zivilrechtliche Frage sei, die nur in Verbindung mit der Lehre vom Schadenersatz überhaupt ihre angemessene Lösung finden könne", und weil die Regelung dieser Frage schon in Vorbereitung begriffen sei durch die Kommission für die Bearbeitung des bürgerlichen Gesetzbuchs. (Hört! hört!) Nun, da wir an der Arbeit des bürgerlichen Gesetzbuchs sind, kommen die Herren und sagen: das gehört nicht ins bürgerliche Gesetzbuch. Ich hoffe, daß der Herr Vertreter der preußischen Regierung den Standpunkt seiner Regierung den Herren gegenüber energisch vertreten wird.

Denn das kann nicht zweifelhaft sein, daß gerade da, wo Wildschäden vorkommen, die erbittertsten Kämpfe zwischen den einzelnen Betheiligten stattfinden und, wie Sie ja alle wissen, leider auch in den Parlamenten bei dieser Frage geführt werden. Niemals und nirgends werden leidenschaftlichere Kämpfe geführt, als wenn es sich um Wildschaden handelt. Beim Jagdgesetz, der Jagdordnung wird in allen Landtagen so gekämpft, wie wenn es sich eigentlich um Leben und Tod von Menschen handelt; man könnte um die höchsten Interessen nicht schärfer streiten als hier, wo es sich um die wilden Thiere des Waldes, die Hasen, handelt. Hat doch der Herr Minister der Landwirthschaft Dr. Lucius seinerzeit bei der Besprechung der schon eingeführten Vorlage im preußischen Landtag wörtlich erklärt:

> Darüber wird auch der passionirteste Jagdfreund nicht im Zweifel sein, daß es nichts Erbitternderes giebt wie wirklich berechtigte Klagen über Wildschaden.

Ich betone: „berechtigte“ Klagen über Wildschaden. Die Herren, welche die Regelung des Wildschadens den einzelnen Partikulargesetzgebungen überlassen wollen, übersehen dabei, wie ungemein schwer es den einzelnen Landtagen fällt, ein wirklich brauchbares Wildschadengesetz zu bekommen. In Preußen, meine Herren, haben Sie nach langjährigen Kämpfen erst endlich im Jahre 1891 ein Wildschadengesetz bekommen; in anderen deutschen Staaten ist man überhaupt noch noch nicht dazu gekommen. Sie sehen, es wäre wirklich eine große Unterlassungssünde, wenn wir diese Gelegenheit nicht dazu benützen wollten, das Prinzip des Wildschadens im bürgerlichen Gesetzbuch festzulegen.

Dem gegenüber kann man nicht darauf hinweisen, daß die durch Wild geschädigten Personen Gelegenheit erhalten, die Jagdberechtigten allzu sehr zu chikaniren. Ich will nicht bestreiten, daß solche Chikanen vorkommen; sie kommen auf beiden Seiten vor, von Seiten des Jagdberechtigten vielleicht noch mehr als von Seiten des Jagdbeschädigten. Wenn wir aber wegen der Chikanen eine Regelung nicht treffen wollten, dann dürfen wir überhaupt nicht viele Gesetze machen; denn jedes Gesetz kann zu Chikanen mißbraucht werden. Uebrigens haben wir, um den Chikanen vorzubeugen, ein Extraverbot gegen Chikanen in den Entwurf des bürgerlichen Gesetzbuchs aufgenommen; — vielleicht beruhigen sich nun die Herren, wenn dieser Paragraph auch bezüglich der Geltendmachung des Wildschadenersatzanspruchs zur Anwendung kommen kann.

Nun wogt heute der große Streit nicht über gefährliche Raubthiere, sondern über den Hasen, ein Thier, das man uns schildert als ein durchaus harmloses Ding, das so ein Einsiedler sei, der nur — wie die Einen behaupten — im äußersten Nothfalle, vom Hunger getrieben, einen Schaden an Obstbäumen, Weinbergen, Gärten u. s. w. anrichte. Die Ansichten der Herren Sachverständigen scheinen mir übrigens getheilt zu sein; mir hat ein verehrter Gönner mitgetheilt — er ist aus Ostelbien —, daß bei ihm die Hasen sehr gefährliche und üppige Thiere seien, daß sie, wenn sie sich erst recht genügend im grünen Futter angefüttert haben, dann noch nach der Mahlzeit an die herbe, grüne, bittere Rinde eines Baumes zu gehen pflegen. Er sagte: das ist ungefähr gerade so, wie wenn unsereiner nach der Mahlzeit einen Bittern nimmt. (Große Heiterkeit.) Ich weiß nicht, ob die Schilderung des verehrten Herrn Kollegen eine richtige ist. Gestatten Sie mir nur, die beiden Gutachten gegen einander zu halten. Vielleicht ist es auch möglich, daß die Hasen einen verschiedenen Charakter diesseits und jenseits der Elbe haben (große Heiterkeit), vielleicht sind die ostelbischen Hasen üppiger und genußsüchtiger als anderswo. (Wiederholte Heiterkeit.) In der Kommission ist der Beschluß, die Hasen unter die Wildschadenbestimmung aufzunehmen — ich glaube, wegen der Fasanen wollen wir uns heute nicht streiten; die sind, wie es scheint, allgemein konzedirt, sofern der Paragraph überhaupt angenommen wird — in zweiter Lesung mit 11 gegen 9 Stimmen beibehalten worden. Dabei ist uns von einem Kommissar der Regierung ausdrücklich dargelegt worden — was den Herren nunmehr auch in einer Broschüre zur Kenntnißnahme mitgetheilt ist —, daß der Hasenschaden nicht so schlimm sei; denn es habe im preußischen Abgeordnetenhause der Zentrumsabgeordnete Conrad, der Vater des dortigen Wildschadengesetzes, bei Einbringung seines Gesetzentwurfs den Hasenschaden nicht mit berücksichtigt. Das ist wahr; aber man muß wissen, weshalb der gute Mann, der seine ganze Arbeitskraft an das Wildschadengesetz mit vielen Kummer und Aerger gesetzt hat, das nicht gethan hat. Er war so klug und wollte nicht einen Wildschadenersatz in gar zu weitem Umfang vorschlagen, weil er sich sagte, damit sei im Landtag nicht durchzukommen! Er begnügte sich damit, genügenden Wildschadenersatz für Hoch- und Mitteljagd vorzuschlagen, und er hat seine Pappenheimer genug gekannt; denn seine Gegner haben ihm auch die Mitteljagd gestrichen und nur die Hochwildjagd bewilligt. Man kann also das Beispiel des Herrn Conrad gegen den Kommissionsbeschluß nicht anführen.

Man kann auch im Ernst nicht behaupten, daß die Hasen so ganz ungefährliche, harmlose Thierchen seien; denn da, wo die Kultur höher entwickelt ist — das ist ja nicht überall gleich in Deutschland der Fall, in Ostelbien, da ist die intensive Ausnützung des Bodens noch nicht so weit gediehen wie im Süden und Westen; in der Nähe der Städte ist die Entwicklung eine ganz andere als draußen auf dem platten Lande — ja, überall, wo die Kultur eine intensivere ist, wird durch die Hasen in der That ein recht großer Schaden verursacht. Ja, meine Herren, wenn ich die Mittheilung aus dem „Handelsblatt für den deutschen Gartenbau" vergleiche — das sind allerdings Angaben, die ich nicht kontroliren kann —, so sind hier aus einer Reihe deutscher Länder Mittheilungen gemacht über den Hasenschaden während des vorigen und vorvorigen Winters, die ganz bedeutend sind. Ich will darauf nicht näher rekurriren, weil ich, wie gesagt, den Wahrheitsbeweis für die einzelnen Angaben nicht antreten kann. Aber in derselben angeführten Broschüre, die uns auf Seite 15 nachzuweisen versucht, daß die Hasen eigentlich kein Schadenwild seien, wird auf Seite 16 ganz schön die Mittheilung gemacht, daß eine Offenbacher Jagdgesellschaft in einem einzigen Jahre in einer überwiegend mit Hasen besetzten Jagd an Pacht 11 000 Mark und an Hasenschaden mit Prozeßkosten ebenfalls 11 000 Mark gezahlt habe. (Heiterkeit.) Ja, meine Herren, ich will das als wahr annehmen; wenn das aber richtig ist, beweist das so viel, daß die Hasen eben nicht die harmlosen Thierchen sind, als die Sie sie hinstellen wollen.

Ich glaube, es wäre deshalb ganz richtig, wenn Sie sich dem Kommissionsbeschlusse anschließen würden, und ich meine, die Herren von der Rechten übersehen bei ihrer scharfen Opposition gegen diese Hasenbestimmung, daß in dem Einführungsgesetz der Art. 69 vorgesehen ist, daß „unberührt bleiben sollen die landesgesetzlichen Vorschriften, wonach ein Wildschaden, der an Gärten, Obstgärten, Weinbergen, Baumschulen und einzelstehenden Bäumen angerichtet wird, dann nicht zu ersetzen ist, wenn die Herstellung von Schutzvorrichtungen unterblieben ist, die unter gewöhnlichen Umständen zur Abhaltung des Schadens ausreichen". Also,

meine Herren, so schlimm ist die Sachlage doch nicht, daß beliebig wegen Hasen-
schadens Ersatzforderungen erhoben werden könnten. Die Landesgesetzgebung hat es
durchaus in der Hand, ihre diesbezüglichen Bestimmungen aufrecht zu erhalten oder
diesbezügliche neue Bestimmungen zu erlassen, die dem Baumbesitzer es zur Pflicht
machen, die Bäume in irgend einer Weise vor den Hasen zu schützen. Thun sie es
dann nicht, so werden sie einen Schadenersatz nicht verlangen können; wenn sie aber
diese Schutzmaßregeln treffen, und dennoch diese Schutzmaßregeln nicht ausreichen,
und ein Schaden eintritt, dann frage ich immer wieder: meine Herren, halten Sie
es für gerechtfertigt, daß dieser Schaden getragen werde von den Baumbesitzern,
oder soll er nicht vielmehr getragen werden von dem, der die Hasen zu schießen
berechtigt ist, und der mit dem Vergnügen der Jagd auch die Lasten der
Jagd zu tragen hat? (Sehr richtig! in der Mitte und links.) Das ist und
bleibt die Frage, und ich möchte wirklich wünschen, daß die Herren sich dazu entschließen könnten, einmal auch diesen weiteren Schritt zu thun und nicht bloß bei
den Wildgattungen, wie sie die Regierungsvorlage vorschlägt, sondern auch bei den
Hasen entsprechend dem Kommissionsbeschluß einen Wildschadensersatz zu bewilligen.

Nun komme ich, meine Herren, zu dem zweiten Punkt, der Regreßpflicht.
Gegen die Regreßpflicht ist insbesondere eingewendet worden die Beweisschwierig-
keit: wie man es wohl beweisen wolle, daß ein Wild aus einer gewissen Forst
herausgetreten sei und den Schaden angerichtet habe. Es ist gewiß zuzugeben,
meine Herren, daß in manchen Fällen ein solcher Beweis nicht erbracht werden
kann. Die Folge ist dann einfach, daß ein Ersatzanspruch nicht erhoben werden
kann, oder daß, wenn er erhoben ist, der Richter ihn abweist, und der Betreffende
den Prozeß verliert. Ich glaube, wenn einer einmal einen solchen Prozeß verliert,
wird er ein zweites Mal recht vorsichtig sein und nicht unnöthigerweise einen solchen
Prozeß anstrengen. Ich gebe zu, meine Herren: da, wo verschiedene Forsten im
Gemenge liegen, wird es wirklich selten möglich sein, einen Beweis zu erbringen,
und insofern ist allerdings die Bestimmung nicht von einer solchen Tragweite, als
sie aussieht. Aber da, wo der gesammte Forst Einem gehört, namentlich dem be-
kannten Herrn Fiskus z. B., da kann man den Beweis ohne allzu große Schwierigkeit erbringen, und gerade in diesem Fall, meine Herren, hat es etwas besonders
Hartes für den betreffenden Grundbesitzer, wenn er in der Lage ist, die Beweise
erbringen zu können: hier in diesem Forst wird ein Standwild gehegt, und doch
wird mir der Schaden, der durch dasselbe verursacht wird, nicht ersetzt.

Es wird mir eingewendet, es könne durch die jagdpolizeilichen Bestimmungen dem Ueberhandnehmen des Wildes vorgebeugt werden. Das, meine Herren,
ist auf dem Papier vollständig richtig, aber das hängt von so viel Ermessen und
Entscheidungen von Behörden ab, da kommen so viele entgegenwirkende Kräfte mit
ins Spiel, daß vielfach von jener gesetzlichen Bestimmung nicht der Gebrauch gemacht
wird, der eigentlich von ihnen gemacht werden sollte.

Gewundert habe ich mich darüber, daß man einwendete, die Erfahrungen in
Hannover, wo bereits eine solche Einrichtung besteht, wo sowohl der Hasenschaden
als der Regreßparagraph geltendes Recht ist, seien so ungünstig, daß man diese
Gesetzgebung für ganz Deutschland nicht als Muster vorschlagen könnte. Meine
Herren, da sind einfach die Ansichten der praktischen Erfahrung auch getheilt. Ich
erinnere daran, daß in den preußischen Landtagsverhandlungen gerade Hannoveraner
sich darauf berufen haben, wie günstig diese Gesetzgebung gewirkt habe. Es wurde

hervorgehoben, daß man dort mit diesen Gesetzesbestimmungen außerordentlich zufrieden sei, sodaß man es geradezu als ein Unglück ansehen würde, wenn man diese Gesetzgebung beseitigen würde, und daß die Zahl der Prozesse keineswegs eine übermäßig große sei. Es hat ein in der Praxis stehender Richter, unser Kollege Brandenburg, aus seiner eigenen Erfahrung bestätigen können, daß in 20 bis 25 Jahren ihm kaum ein einziger Prozeß dieser Art vorgekommen sei. Nun gebe ich ja zu, daß andere Prozesse angeführt werden können, Prozesse, durch welche um verhältnißmäßig geringer Beträge willen vielleicht große Unkosten entstanden sind. Das ist ein allgemeines Uebel der Prozesse; das ist die Folge der ganzen Art des Verfahrens; aber um dieser Prozeßschwierigkeiten und Prozeßkosten willen eine als gerecht erkannte Entscheidung nicht treffen zu wollen, das wäre nicht richtig.

Herr Graf Mirbach hat dann darauf hingewiesen, daß die Forstbesitzer ihre Forsten eingattern würden; dann würde die schreckliche Folge eintreten, daß das Wild übermäßig sich vermehren und der Holzbestand sich verschlechtern würde. Meine Herren, das können wir füglich den betreffenden Forstbesitzern überlassen, ob ihnen Hirsche und Sauen lieber sind als ihr Holzbestand. Darüber brauchen wir uns die Köpfe nicht zu zerbrechen. Das muß ich aber sagen, daß ich als „ideal“ einen Zustand nicht ansehen kann, der es ermöglicht, in großen Forsten einen mächtigen Wildstand zu halten und ruhig zu sagen: nun mag der Nachbarjagdberechtigte sehen, wie er zurechtkommt; in der Schonzeit läßt man das Wild ruhig hinausgehen, da mag es auf den fremden Aeckern äsen, da darf man nicht schießen, — in der Schußzeit aber sorgt man dafür, daß man das Wild im eigenen Walde abschießt. Die Vertheilung der Vortheile und der Nachtheile ist, wenn sie auch auf dem Papier der Gesetzgebung gleich zu sein scheint, nicht gleich, wie ich Ihnen dargelegt habe.

Deshalb, meine Herren, wäre es in der That doch richtiger, wenn die Antragsteller und ihre Freunde sich dazu entschließen könnten, sowohl die Hasenbestimmung als den Regreßparagraphen in das bürgerliche Gesetzbuch aufzunehmen. Wollen Sie das nicht thun, dann muß ich doch allermindestens bitten: rütteln Sie nicht an den Bestimmungen, die schon in der Regierungsvorlage enthalten sind und wenigstens das Prinzip des Wildschadens für eine große Anzahl von Wildgattungen in dem bürgerlichen Gesetzbuch festlegen; denn die Beseitigung dieser Bestimmungen wäre nicht bloß kein Fortschritt, sondern nach meiner Ueberzeugung ein ganz bedeutender Rückschritt gegenüber dem geltenden Recht. Sie, meine Herren Kollegen aus Preußen, kommen ja nicht in eine schlimmere Lage durch eine solche Bestimmung; denn es wird ja nur wiederholt, was in Preußen geltendes Recht ist. Also haben Sie keinen besonderen Anlaß, die Fassung der Regierungsvorlage zu bekämpfen. Sie mögen gegen die weiter gehenden Vorschläge der Kommission ankämpfen, aber nicht gegen die Fassung der Regierungsvorlage; den Staaten, denen es bisher bei ihren Gesetzgebungsfaktoren nicht möglich war, zu einem Wildschadengesetz zu kommen, würden Sie die Möglichkeit verschränken, endlich das zu erreichen, was von Gottes- und Rechtswegen schon lange ihnen gebührt hat. (Bravo! in der Mitte und links.)

Bevollmächtigter zum Bundesrath für das Königreich Preußen, Staatsminister und Minister für Landwirthschaft, Domänen und Forsten, Freiherr **von Hammerstein-Loxten:** Meine Herren, zu den Dienstpflichten des Landwirthschaftsministers in Preußen gehören neben landwirthschaftlichen Angelegenheiten auch die Jagdangelegenheiten. Ausdrücklich erkläre ich, daß ich in erstgedachter Eigenschaft das Wort ergreife, daß ich mit anderen Worten vorwiegend allgemeine beziehungsweise landwirthschaftliche Interessen und nicht die Jagdinteressen zu vertreten gewillt bin. Ich bin gewillt, die allgemeinen Interessen bezüglich der hier zur Verhandlung stehenden Frage zu prüfen und zu vertreten.

Nun, meine Herren, erlaube ich mir, zunächst einen kurzen Rückblick auf die Entwicklung der Jagdgesetzgebung in Deutschland, d. h. in den einzelnen Bundes= staaten, zu werfen sowohl bezüglich der Ausübung des Jagdrechts wie bezüglich des Wildschutzes als auch bezüglich der Wildschadenfrage. Meine Herren, alle diese Fragen sind bisher in fast allen deutschen Bundesstaaten im wesentlichen als Fragen des öffentlichen Rechts behandelt. Man hat ein Jagdgesetz erlassen, wodurch bestimmt wird, daß nicht jeder Grundbesitzer auf seinem Grund und Boden das Jagdrecht ausüben soll; man hat Schranken für die Ausübung der Jagd des Grundbesitzers auf seinem Grund und Boden gesetzt; man hat Bestimmungen darüber getroffen, wie die Verwaltung des gemeinsamen Jagdrechts geführt werden soll; man hat dafür Jagdverbände und deren Organe geschaffen; man hat Bestimmungen zum Schutz des Wildes getroffen; gewissen Wildarten hat man die Hegezeit entzogen; man hat Be= stimmungen über die Entschädigung des Wildschadens getroffen; man hat die Leitung und Aufsicht über die Jagdangelegenheiten den Verwaltungsorganen des Staats über= tragen mit sehr weitgehenden Befugnissen: kurzum, man hat im wesentlichen die gesammten Jagdangelegenheiten als Fragen des öffentlichen Rechts behandelt, — die Wildschadenfrage vielleicht nur in der Richtung nicht, daß man die schließliche Fest= stellung der Entschädigung dem Rechtswege nicht entzogen hat, während man die anfängliche Feststellung auch des Wildschadens in der Hand der Verwaltungsbehörden gelegt hat.

Nun, meine Herren, ich glaube, dafür haben wichtige volkswirthschaftliche Gründe vorgelegen, die auch jetzt noch maßgebend sind. Einmal ist es zweifellos, daß die Erträge aus den Wildständen in Deutschland einen erheblichen Theil unseres National= wohlstandes, der Volksernährung darstellen. (Sehr richtig! rechts.) Zweitens ist es zweifellos, daß einer großen Zahl von Personen und Verbänden aus dem Jagdrecht und der bestehenden Ordnung des Jagdrechts erhebliche Einnahmen zu theil werden. (Sehr richtig!) Drittens hat man für die Wildhege und Pflege sorgfältige Bestim= mungen getroffen; man hat gewisse Wildsorten von der Hege und Pflege ausgeschlossen — ich erinnere nur an die Sauen, die überall keine Schonzeit haben —; man hat auch die Befugniß gegeben, da, wo der Wildstand überhand nimmt, Ausnahmen von den Hegebestimmungen zu treffen, also auch während der Schonzeit sonst für nützlich erkannte Wildarten nicht der Schonzeit zu unterwerfen, und das sind Bestimmungen, welche von mir in großer Ausdehnung angewandt werden, wenn irgendwo der Wild= stand überhand nimmt. Ich erwidere dies besonders dem Herrn Abgeordneten Gröber, welcher behauptete, die Gesetzgebung und die Verwaltung sorge nicht gegen das Ueber= handnehmen des Wildes.

Wenn man an diesem historischen Gange, an den bisher befolgten Grundsätzen für die Gesetzgebung und Verwaltung festhielte, so muß, wie das die Herren Graf Mirbach und Pauli wünschen, die Wildschadenfrage überall aus dem bürgerlichen Gesetzbuch gestrichen werden (sehr richtig! rechts), weil dieselbe im wesentlichen Gegen= stand des öffentlichen Rechts ist, das bürgerliche Gesetzbuch aber nur Privatrechte ordnen soll. (Sehr wahr! rechts.) In der Beziehung liegt für mich indessen eine gebundene Marschroute vor. Der Herr Abgeordnete Gröber hat schon hervorgehoben, daß diese Frage Gegenstand der Erwägung sowohl bei der preußischen Regierung

wie bei den verbündeten Regierungen gewesen ist; daß man dort sich für Aufnahme
der Wildschadenfrage in das bürgerliche Gesetzbuch entschieden hat, wohl mit Rücksicht auf die allgemeine öffentliche Meinung. Also wenn ich persönlich auch auf den
Standpunkt des Grafen Mirbach mich stellen könnte, so ist doch diese Frage für mich
in meiner gegenwärtigen Stellung entschieden.

Noch eine fernere allgemeine Bemerkung gestatte ich mir. Ist es verkehrt, daß
man, abgesehen von volkswirthschaftlichen Gründen, in Deutschland die Jagd noch
pflegt und erhält? Wünschen Sie, daß wir in Deutschland zu Zuständen gelangen,
wie sie in Frankreich und Italien bestehen, wo die bei uns als jagdbar bezeichneten
Thiere ausgerottet sind, und wo in Folge dessen die Jagdpassion sich auf die nützlichen Vögel u. s. w. wirft? (Sehr richtig! rechts. Oh! links.) Erst vor wenigen
Monaten hat in Paris ein internationaler Kongreß getagt, bei welchem fast alle
Staaten Maßnahmen zum Schutze der nützlichen Vögel wesentlich mit im allgemeinen,
besonders im landwirthschaftlichen Interesse berathen und zu vereinbaren versucht
haben.

Dann will ich einem weiteren Gedanken Ausdruck geben. Ist es denn zweifellos, daß — wie der Herr Abgeordnete Gröber sagt — fast alle unter das Jagdrecht fallende Thiere, nicht allein Raubthiere, gemeinschädliche Thiere sind, daß dieselben deshalb ausgerottet werden müssen? Im Gegentheil! Selbst von den Sauen
kann man sagen, daß sie unter konkreten Verhältnissen nützliche und unentbehrliche
Thiere sind. (Sehr richtig! rechts.) In den großen Kiefernwaldungen im Osten,
die eine immer weitere Ausdehnung gewinnen, wo die Staatsforstverwaltung im
allgemeinen wirthschaftlichen Interesse verpflichtet ist, die Forsten zu schirmen und zu
schützen, wo große Kalamitäten durch Insekten der verschiedensten Art stattfinden
(sehr richtig! rechts), ist es zweifellos nützlich, wenn dort Sauen als die geschicktesten
Vertilger von Insekten vorhanden sind und in mäßigem Umfang erhalten werden.
(Sehr richtig! rechts. Oh! links.) Beispielsweise sind Feldhühner der beste Schutz
gegen die Insektenfeinde des Zuckerrübenbaues.

Also, meine Herren, ich glaube, die von mir angeführten Gesichtspunkte weisen
darauf hin, daß es verkehrt wäre, wenn man — um mich eines trivialen Ausdrucks
zu bedienen — das Kind mit dem Bade ausschütten wollte. Wir wollen hier in
Deutschland unsere Jagd erhalten; wir wollen die jagdbaren Thiere schützen, soweit
sie zur menschlichen Nahrung und für Kulturzwecke nützlich sind; wir wollen aber auch
durch die Gesetzgebung dahin wirken, daß sie, soweit sie wirthschaftlich schädlich sind, auf
das nöthige Maß beschränkt werden, und daß sie da, wo sie nicht geduldet werden können,
gänzlich ausgerottet werden. Das ist ein vernünftiges Ziel der Jagdgesetzgebung,
der Jagdverwaltung bisher gewesen und sollte es auch ferner sein. Meine Herren
Dienstvorgänger wie ich sind stets bemüht gewesen, dies Ziel zu erreichen sowohl
auf dem Gebiet der Gesetzgebung wie der Verwaltung. Man hat dafür Sorge
getragen, daß der Wildstand einerseits nicht ausgerottet werde, andererseits daß er
auf das nothwendige Maß eingeschränkt werde.

Nun, meine Herren, auf Grund der gegebenen Darlegungen muß ich mich auf
den Standpunkt der verbündeten Regierungen stellen, daß die Frage des Wildschadens
im bürgerlichen Gesetzbuch geordnet und geregelt werden soll. Es erübrigt für mich
daher nur noch die Frage, ob diejenigen Bestimmungen, welche Ihre Kommission
als Zusatzanträge zu den Vorlagen der verbündeten Regierungen beschlossen hat,
über den Rahmen der von den verbündeten Regierungen gewünschten Bestimmungen

hinausgehen, ob sie zweckmäßig und anwendbar sind. In dieser Beziehung handelt es sich einmal um den von Ihrer Kommission beschlossenen Hasen- und Fasanenschaden und um die Regreßpflicht beim Wildschaden.

Zunächst will ich mich über die Fasanen äußern. Es steht fest, daß große Gehege von Fasanen mit Nutzen und Erfolg nur von Großgrundbesitzern gehalten werden können; denn einestheils ist es nothwendig, wenn man Nutzen aus der Fasanerie haben will, daß der Standort, wo die Fasanen sind, ein weites Gebiet herum hat, wo die Fasanen sich aufhalten können, ohne beunruhigt und verfolgt zu werden, damit sie dem Eigenthümer verbleiben. Anderentheils ist eine Fasanerie, eine große Menge von Fasanen überall nur zu erzielen, wenn jedes Raubzeug vertilgt wird. Das kann selbstverständlich und naturgemäß nur jemand, der ein großes Jagdgebiet beherrscht.

Daraus, meine Herren, ersehen Sie, daß die Fasanen in Massen eigentlich eine wesentliche Rolle in dieser Frage überall nicht spielen. Der wild verflogene Fasan, allen Unbilden des Wetters, dem Raubzeug u. s. w. ausgesetzt, vermehrt sich selten stark. Die Natur sorgt also schon, daß die Fasanen nicht überall überhand nehmen; dann entsteht auch also dadurch kein erheblicher Schaden. Zugeben muß ich unbedingt, daß da, wo große Fasanengehege sind, der Wildschaden ein recht empfindlicher zu sein pflegt, wenn nicht die nothwendigen präventiven Vorkehrungen getroffen werden. Wenn jedoch meine vorherige Mittheilung richtig ist, so treffen dort, wo große Massen von Fasanen in Fasanerien gezogen werden, diese Schäden meist nur den Grundeigenthümer, wo der Fasan gehegt ist.

Wollen Sie mit Rücksicht darauf, daß unter Umständen thörichterweise in einem für sechs Jahre gepachteten Jagdbezirk eine Fasanerie angelegt wurde, Bestimmungen über den Wildschaden für die Fasanen aufnehmen, so ist dagegen nicht viel zu sagen. Viel Bedeutung kann ich der Aufnahme dieser Bestimmung nicht beilegen. Ich glaube nicht, daß daraus Nutzen oder Schaden erwächst, wenn es nicht geschähe.

Anders, meine Herren, liegt die Sache mit den Hasen. Zunächst glaube ich des Einverständnisses des hohen Hauses gewiß zu sein, wenn ich sage: unter dem Schaden, den der Hase anrichtet, ist doch jedenfalls dasjenige Abäsen von Kräutern und Gewächsen, von Früchten u. s. w. im Feld nicht zu verstehen, das für den Unterhalt des einzelnen Hasen absolut nothwendig ist. Will man überall Hasen haben, so ist es, wie Herr Gröber, glaube ich, schon hervorgehoben hat, natürlich, daß man dem Hasen das zu seinem Leben Nöthige einräume; denn von Sonne und Wind kann der Hase nicht leben. Also denjenigen Schaden — um mich so auszudrücken —, den der Hase dadurch anrichtet, daß er hin und wieder eine Kohlpflanze abfrißt, eine Runkelpflanze aufnimmt, lasse ich bei Seite. Aber, meine Herren, es giebt allerdings Umstände, unter denen nach meiner Kenntniß der Verhältnisse der Hase ein viel gefährlicheres Wild ist als Rothwild, Rehwild u. s. w. Es hängt das von besonderen klimatischen Verhältnissen ab. Im Winter, wenn Schnee liegt, kann der Hase in Wald und Feld, besonders in Obstplantagen, sehr erheblichen Schaden anrichten. Wenn — um mich eines crianten Beispiels zu bedienen — ein Gärtner eine Orchidee, die unter Umständen 1000 Mark Werth hat, im freien Feld aufstellt, und der Hase frißt dieselbe auf oder beschädigt sie (große Heiterkeit und lebhafte Zurufe links) — ja, meine Herren, ich werde Ihnen klar nachweisen, daß so ähnlich die Verhältnisse liegen —, dann wird das jeder sagen, es wäre ein Unsinn, wenn ein Besitzer der Orchidee von dem Jagdinhaber oder von dem Jagdberechtigten für diese ins freie Feld gestellte Pflanze mit ihrem hohen Werth eine Entschädigung beanspruchen könnte. Meine Herren, dieser Fall erscheint Ihnen unglaublich; aber liegt derselbe wesentlich anders, als wenn ein Gärtner mitten in der freien Feldmark ohne irgend welche Schutzvorkehrungen eine große, theure Baumschule anlegt? (sehr wahr! rechts), wenn derselbe überall keine Maß= nahmen trifft, um seine werthvollen, besonderen Kulturpflanzen zu schützen? während er doch sicher weiß, daß, sobald Schnee eintritt, zu Zeiten zwei, drei Hasen, die vielleicht nur in der Feldmark sind, in der Noth des Lebens die ganze Baumschule ruiniren. Ebenso gut wie jeder Bauer — wenigstens bei uns in Hannover und Westfalen — seine Weißkohlpflanzen einhegt, weil er weiß, daß der Hase an die Weißkohlpflanzen ganz besonders gern herangeht, — und das ist durch eine Schnur mit Lappen so leicht geschehen, — ebenso kann man auch dem Gärtner ansinnen, daß er seine Obstbäume u. s. w. schützt. (Sehr wahr! rechts.) Ist denn das eine so unbillige Forderung? Ist das gegen bestehendes Recht? In Anhalt, wo die Massen von Hasen sind, muß jeder seine Bäume an den Straßen sowie Gärten und Obstbäume gegen den Hasen schützen.

Nun, meine Herren, will ich aus dem hannoverschen Jagdrecht und dessen Er= folge einige Mittheilungen geben. Durch letztinstanzliche Gerichtsentscheidungen ist dort festgestellt, daß jeder durch Hasen verursachte Schaden entschädigt werden müsse nach dem hannoverschen Wildschadengesetz, was lange Jahre als geltendes Recht nicht angesehen wurde. In Folge dessen sind in Hannover eine große Reihe von Hasen= schadenersatzklagen besonders von Gärtnern und Baumschulenbesitzern erhoben, und Jagdpächter beziehungsweise Jagdverbände sind zu Schadenersatz verurtheilt, welcher in einzelnen Fällen 5000 Mark und darüber betragen hat. Seine Königliche Hoheit der Prinz Albrecht, der in der Nähe von Hannover Jagden gepachtet hatte, hat unglaublich hohe Entschädigungen zahlen müssen. (Zurufe links.) Dasselbe hat sich in Weener in Ostfriesland und vielen anderen Theilen Hannovers zugetragen. In Folge solcher Entscheidungen sind nun Gemeindejagden wesentlich in der Jagdpacht heruntergegangen. Entspricht das Sinken der Jagdpachten dem Interesse der kleinen, der mittleren Grundbesitzer? Nein, meine Herren, die kleinen und mittleren Grund= besitzer, die kraft der Gesetzgebung nicht in der Lage sind, auf ihrem Grund und Boden das Jagdrecht auszuüben, hatten bisher aus dieser Jagdverpachtung besonders hohe Einnahmen. (Sehr richtig!) So liegt es fast überall wenigstens im Westen der Monarchie; dort sind Gemeinden, wo pro Morgen 4 bis 5 Mark Jagdpacht gezahlt wird. (Hört! hört!) Das kann unter Umständen mehr betragen, als ge= wöhnliche Ländereien und Forsten an Reinertrag gewähren. Dadurch, daß die Hasen= schadenersatzpflicht eingeführt wurde, wie sie jetzt auch in das bürgerliche Gesetzbuch aufgenommen werden soll, schädigt man besonders den kleinen und mittleren Grund= besitzer (sehr richtig! rechts), indem man ihm die bisherige hohe Einnahme aus der Jagdverpachtung verkürzt. Der große Latifundienbesitzer wird durch die fraglichen Bestimmungen nicht getroffen, weil der Schaden, den der Hase auf dem Felde an= richtet, entweder den Grundbesitzer selbst oder dessen Pächter trifft, und die müssen unter einander die Sache ausmachen.

Diese Verhältnisse haben dahin geführt, daß zu der Zeit, als ich noch Mitglied des hannoverschen Landtags und Landesdirektor war, aus dem Landtag heraus ein Antrag an die Staatsregierung gerichtet ist, den Hasenwildschadensersatz zu beseitigen. Mir liegt hier ein Ausschnitt aus der „Freisinnigen Zeitung" vor, darin wird aus=

geführt, der Provinziallandtag von Hannover habe zwar mit Mehrheit an die Staatsregierung den Antrag gerichtet, die Hasenschadenersatzpflicht zu beseitigen, — aber
es seien das natürlich Großgrundbesitzer gewesen, welche den Antrag gestellt haben.
Nein, meine Herren, gerade die mittleren und kleinen Besitzer sind es gewesen (hört!
hört! rechts), von denen der Antrag ausging, und die mit Majorität den Antrag
beschlossen haben. Im Provinziallandtag in Hannover, der nahezu 100 Abgeordnete
zählt, sind nur etwa 8 Großgrundbesitzer; (hört! hört!) die übrigen sind bäuerliche
Besitzer, Landräthe (Heiterkeit und Zurufe links) und Vertreter der Städte. Gerade
von den mittleren und kleinen Grundbesitzern und zwar im Interesse der Einnahmen
für die kommunalen Verbände ist der Antrag gestellt und an die landwirthschaftliche
Verwaltung gerichtet. Wenn dort bis jetzt auf diesen Antrag im Wege der Gesetzgebung noch nicht vorgegangen ist, so lag das daran, daß noch andere Fragen des
Jagdrechts einer Aenderung bedürftig, daß dafür noch Vorbereitungen erforderlich
sind, und daß man alle diese Fragen zusammen regeln will. Ich würde sonst, entsprechend dem Beschluß des hannoverschen Landtags, bei dem preußischen Landtag
die Aufhebung der Hasenschadenersatzpflicht in Hannover bereits beantragt haben.
(Hört! hört! rechts.)

Im Eingang sagte ich schon, gerade die wirthschaftlichen Interessen der kleineren
und mittleren Grundbesitzer sei ich zu vertreten gewillt und verpflichtet. Deshalb
bitte ich Sie, die Bestimmung über den Hasenschaden aus dem § 819 des bürgerlichen Gesetzbuchs zu entfernen. (Sehr richtig!)

Ich wende mich nun zu den bezüglich der Regreßpflicht von Ihrer Kommission
beantragten Bestimmungen im § 819a. Meine Herren, jeder Sachverständige wird
mir zustimmen, wenn ich sage: in den seltensten Fällen ist es möglich, zu bestimmen,
wo die Wildarten ihren festen Standort haben; und daß das möglich sein muß, ist
doch die Voraussetzung des gestellten Antrags. Ich erinnere beispielsweise daran,
daß der Hirsch nach der Brunstzeit fast immer auswandert, kleinere Hölzer aufsucht
und in der Regel Mutterwild mitnimmt. Ich erinnere daran, daß Rehe, wenn
schlechte Waldbestände gut hergestellt werden, meist den Standort wechseln, weil
Rehwild schlecht bestandene Forsten vorzieht; auch bummeln Rehe vielfach weit umher.
Die Sauen wandern in einer Nacht 20 bis 30 Meilen weit, namentlich wenn sie
angerührt sind. Sauen haben überall selten einen festen Stand. Bei uns in Hannover
sind Regreßansprüche fast regelmäßig abgewiesen, weil der Beweis des Standorts
nicht zu führen war. (Sehr wahr!) Wer Jäger ist und die Verhältnisse kennt,
weiß, daß auch künftig der Beweis nicht zu erbringen sein wird, weil alles Wild
gern zu bestimmten Zeiten seinen Standort wechselt. (Sehr richtig!) Auch Kultur-
arbeiten, Hauungen u. s. w. tragen zu Aenderungen des Standorts wesentlich bei.
Kurzum, es ist selten möglich, den Standortsbeweis, die Voraussetzung der Regreßpflicht, zu erbringen. In Hannover hat man damit die ungünstigsten Erfahrungen
gemacht. Zahllose Prozesse haben große Prozeßkosten verschlungen und sind meist
ergebnißlos verlaufen. (Hört! hört! rechts.) Es scheint mir aber nicht richtig, Bestimmungen im Reich einzuführen, welche sich nachweislich durchaus nicht in Hannover
bewährt haben, die zwar den Justizfiskus durch Prozeßkosten und die Anwalte und
Sachverständigen auf Kosten der Betheiligten bereichert, diesen aber durchaus nichts
genützt haben. (Hört! hört! rechts.) Die misera contribuens plebs waren in der
Regel die zunächst Betheiligten, d. h. diejenigen, die den Schadenersatz beanspruchen,
und die, die ihn zahlen sollen. (Sehr gut! rechts.) Meine Herren, ich könnte

Ihnen eine Zahl von Erkenntnissen vorlegen, welche die von mir gemachten Darlegungen beweisen würden. Heute Morgen noch sind mir aus der Provinz Hannover derartige Erkenntnisse zugegangen. Es würde das aber wohl zu weit führen. Meine Herren, ich glaube, daß Sie gewillt sind, in das bürgerliche Gesetzbuch nur solche Bestimmungen aufzunehmen, die einen praktischen Werth, eine praktische Bedeutung haben, die sich als durchführbar erwiesen haben. (Sehr gut! rechts.) Wenn nun bereits feststeht, daß in denjenigen Landestheilen, in denen die Hasenschadenersatzpflicht besteht, wo die Regreßpflicht beim Wildschaden gilt, die Betheiligten mit diesen Zuständen unzufrieden sind, daß sich die Bestimmungen keineswegs bewährt haben (hört! hört! rechts), so werden Sie zustimmen, wenn ich dringend abrathe, die maßgebenden Instanzen durch das bürgerliche Gesetzbuch in ganz Deutschland einzuführen. Ich bitte Sie also, meine Herren, lehnen Sie die Hasenschadenersatzpflicht und die Regreßpflicht ab. Persönlich sähe ich es am liebsten, daß der Wildschaden ganz aus dem bürgerlichen Gesetz herausbliebe. (Lebhafter Beifall rechts. Widerspruch links.) Die verbündeten Regierungen haben sich in dieser Richtung aber anders schlüssig gemacht, und deshalb bin ich als Minister nicht befugt, einen anderen Standpunkt zu vertreten. (Beifall rechts.)

Abgeordneter Freiherr **von Gültlingen:** Meine Herren, ich befinde mich mit den Herren Vorrednern von dieser Seite des Hauses theilweise in Widerspruch und theilweise in Uebereinstimmung. Einverstanden bin ich darin mit ihnen, daß die „Hasen" aus dem Kommissionsantrag herausgestrichen werden, und weiter darin, daß der sogenannte Regreßparagraph abgelehnt wird. Anders steht es allerdings mit dem Grundsatz der Wildschadensersatzpflicht: für diesen trete ich ein, nnd ich befinde mich in dieser Beziehung auch in Uebereinstimmung mit einem Theil meiner politischen Freunde. Ich habe beantragt, die Worte „durch Hasen" zu streichen, lediglich im Interesse des Friedens, um die Gegensätze, die bestehen, zu versöhnen und überhaupt etwas zu Stande zu bringen. Es liegt aber darum die Sache für mich nicht so, daß, wenn die Hasen in dem Gesetz nach den Vorschlägen der Kommission darin blieben, ich deshalb genöthigt wäre, gegen den Paragraphen zu stimmen; ich werde, auch wenn die „Hasen" stehen bleiben, für den Kommissionsantrag stimmen. Dagegen muß ich mich mit aller Entschiedenheit gegen den eingefügten § 819a wenden.

Ich halte es für ganz undenkbar, daß ein bürgerliches Gesetzbuch, welches erlassen werden soll am Ende des 19. Jahrhunderts, an der Wildschadenersatzfrage vorbeigeht. Man hat eingewendet, die Sache lasse sich nicht reichsgesetzlich regeln, die Verhältnisse seien zu verschieden, man müsse sie deshalb den Landesgesetzgebungen überlassen. Ich bestreite es aufs allerentschiedenste, daß in irgend einem Theile Deutschlands die Verhältnisse so geartet sind, daß nicht die Grundsätze der Gerechtigkeit und Billigkeit aus- und durchgeführt werden könnten. Für eine Forderung der Gerechtigkeit und Billigkeit halte ich es aber, daß diejenigen, welche von der Jagd und der Schonzeit Nutzen ziehen, auch den daraus entstehenden Schaden ersetzen. Ich erkenne deshalb voll und ganz das Prinzip an, welches der Entwurf des Gesetzes hier ausspricht. Der Reichstag hat sich auch früher mit der Frage dann und wann beschäftigt, meines Erinnerns zum letzten Mal, als eine Petition aus Mecklenburg an uns gekommen ist, auf Grund deren dann der Reichstag in seiner Sitzung vom 22. März 1892 beschlossen hat, diese Bitte der mecklenburgischen Erbpächter, welche um reichsgesetzliche Regelung der Wildschadenfrage gebeten haben, dem Herrn Reichskanzler als Material für Prüfung der Frage, ob und eventuell nach welcher Richtung hin Bestimmungen über Jagdrecht und Ersatz von Wildschaden in das künftige deutsche bürgerliche Gesetzbuch aufzunehmen, zu überweisen.

Der Bundesrath hat hierauf in seiner Sitzung vom 2. Juni 1892 beschlossen, diesem Beschluß des Reichstages eine Folge nicht zu geben. Nun aber hat doch der Bundesrath zu meiner Freude seine Ansicht geändert, was er dadurch dokumentirt hat, daß er uns diesen Gesetzentwurf vorgelegt hat, und ich möchte diejenigen Mitglieder des hohen Hauses, welche seinerzeit der Ansicht des hohen Bundesraths waren, welche derselbe in seiner Sitzung vom 2. Juni 1892 ausgesprochen hat, dem Beispiel des Bundesraths folgten und nun ihrerseits auch die Wildschadenersatzpflicht anerkennen. Meine Herren, der Entwurf bestimmt ja nur das Prinzip der Wildschadenersatzpflicht, die Ausführuug bleibt jeder Landesgesetzgebung überlassen, insbesondere die Bestimmung der Grundsätze über die Feststellung des Wildschadens.

Meine Herren, man hat ferner gesagt: wenn wir diesen Entwurf annehmen würden, so wäre der Agitation Thür und Thor geöffnet. Gerade das Gegentheil, glaube ich, ist der Fall: die Agitation wird abgeschwächt werden. In Württemberg haben wir eine Wildschadenersatzpflicht nicht, ganz abgesehen von einer kleinen Ausnahme; ein Gesetz vom Jahre 1855 bestimmt ausdrücklich, daß für Wildschaden niemand Ersatz zu leisten hat außer den Parkbesitzern, deren Wild den Park überschritten und Schaden gestiftet hat. Es vergeht nun beinahe kein Landtag in Württemberg, wo nicht der Wildschaden auf die Tagesordnung kommt. Das letzte Mal haben wir uns in Württemberg im März vorigen Jahres im Landtag mit dieser Frage beschäftigt. Damals wurde von der Regierung anerkannt, daß das Gesetz, welches wir in Württemberg haben, nämlich das Gesetz von 1855, nicht ausreichend sei, um dem Wildschaden vorzubeugen, und hat selbst erklärt, daß sie, entgegen den Intentionen dieses Gesetzes, in Verbindung mit dem Vorstand des Württembergischen Jagdschutzvereins, Vorsorge dahin getroffen hat, daß man Pachtformulare geschaffen hat für die Gemeinden, und in diesen Pachtformularen war die Bestimmung aufgenommen, wonach sich die Gemeinden von den Jagdpächtern den Wildschadenersatz verschaffen sollen. An eine gesetzliche Regelung ist man deshalb nicht gegangen, weil die Regierung erklärt hatte, daß beabsichtigt sei, die Frage im bürgerlichen Gesetzbuch zu erledigen. Nun ist ja nicht zu verkennen, daß diese Wildschadenersatzfrage die Gemüther in hohem Grade erregt, daß sie viele Unzufriedenheit schafft, und das ist auch vollständig erklärlich. Ich bitte nur, sich daran zu erinnern, welchen Eindruck man bekommt, wenn man hinausgeht und ganze Felder verwüstet sieht; muß man sich da nicht selbst sagen: dieser Mann, dem der ganze Ertrag seiner Ernte ruinirt ist, muß entschädigt werden von dem, welcher den Nutzen von der Jagd hat? Namentlich wir in Württemberg mit den sehr parzellirten Grundbesitz, mit den dürftigen landwirthschaftlichen Markungen; insbesondere auf dem Schwarzwald, wo ich zu Hause bin, sind die Markungen, welche landwirthschaftlich ausgenutzt werden, äußerst gering, nicht nur dem Umfange nach, sondern auch der Qualität nach. Sie sind rings umgeben von Waldungen, die theils privaten, theils Gemeinden, theils dem Staate gehören, und die Leute ringen dem Boden mit Mühe und Noth dasjenige ab, was sie zu ihres Leibes Nahrung und Nothdurft brauchen. Wenn nun vollends diese Erträge diesen armen Leuten beschädigt und vernichtet werden, und zwar durch das Wild, so ist es doch nicht mehr als billig, als daß diejenigen, welche sonst den Nutzen vom Wilde haben, diesen Schaden, welchen das Wild verursacht, ersetzen.

Meine Herren, es ist ja klar: es stehen sich hier die Interessen der Jagdliebhaber und der Grundbesitzer gegenüber; aber da können wir uns doch ganz gewiß
nicht zweifelhaft sein, auf welche Seite wir uns zu stellen haben, nämlich auf die
Seite der Grundbesitzer, insbesondere der kleinen Grundbesitzer, und in dieser Beziehung ziehen wir ja hier auf der rechten Seite des Hauses an einem Strang.
Meine Herren, wir haben stets die Fürsorge insbesondere für die kleineren Bauern
auf unserem Programm gehabt, — hier ist Gelegenheit, unser Programm praktisch
zu verwirklichen, und ich möchte Sie deshalb bitten, daß Sie den Kommissionsantrag zu § 819 mit Durchstreichung des Worts „Hasen" annehmen.

Ich habe nur noch kurz zu begründen, warum ich glaube, daß die Worte „durch
Hasen" herausgestrichen werden können, und warum ich bezüglich dieser Hasen glaube,
von dem von mir selbst aufgestellten Grundsatz abgehen zu können. Meine Herren,
ich will nicht wiederholen, was bereits von verschiedenen Seiten in dieser Beziehung
gesagt worden ist; wenn ich alles zusammennehme, so ist doch der Schaden, der
durch die Hasen angerichtet wird, nicht derart, daß hier nicht eine Konzession gemacht
werden könnte. Alle diejenigen oder die meisten von denen, die eine Wildschadenersatzpflicht anerkennen, haben sich auch dafür ausgesprochen, daß man die Hasen
hier ausnehmen kann. Ich muß noch einmal darauf zurückkommen, daß auch Herr
Conrad im preußischen Landtag, auf dessen Initiativantrag das preußische Jagdgesetz
vom Juli 1891 zu Stande kam, die Hasen gar nicht in seinen Antrag aufgenommen
hatte. Dann habe ich ein Buch vor mir vom Amtsrichter Berger über Wildschaden,
welcher seinem Werke als Motto voransetzt die Worte des Abgeordneten Dr. Reichen-
sperger aus einer Rede desselben im preußischen Abgeordnetenhause vom 11. Januar
1884. Dieser Satz lautet:

Jedenfalls würde ich lieber das ganze Jagdwesen preisgeben, als die
kleinen Leute rechtlos lassen, wie sie es jetzt sind.

Meine Herren, auch dieser Autor, welcher in seinem Buch ganz entschieden für
Wildschadenersatz eintritt, hat in seinem Werk sich dafür ausgesprochen, daß die Hasen
ausgenommen werden. Dazu kommt ja aber noch, daß das Einführungsgesetz im
Art. 69 Ziffer 1 die Bestimmung trifft, daß die Hasen im Wege der Partikulargesetzgebung wieder hereingenommen werden, oder, wenn sie schon in der Partikulargesetzgebung stehen, daß sie auch darin bleiben. Sodann aber kann man ja auf dem
von mir vorhin berührten Wege des Vertrages, des Pachtvertrages, diese Hasenschadenfrage regeln.

Meine Herren, im württembergischen Landtag ist man den Hasen nicht so sehr
gram; wenigstens hat man vor einigen Jahren die Schonzeit derselben erweitert
und zwar vom 15. August bis zum 30. September, und zwar auf Anregung der
Kammer der Abgeordneten. Es hat damals auch ein jetziger Fraktionsgenosse vom
Herrn Kollegen Gröber, der Herr Abgeordnete von Ravensburg, sich ganz entschieden
für diese Erweiterung der Schonzeit der Hasen ausgesprochen. Damals war mit
maßgebend die Eingabe von einem bedeutenden Industriezweig: die Hutmacher hatten
darum gebeten, daß man die Schonzeit der Hasen verlängern möge, weil sie sich am
15. August noch in einem Zustand befänden, daß ihre Felle für ihr Gewerbe absolut
unbrauchbar seien.

Nun, meine Herren, erlauben Sie mir noch einige Worte gegenüber dem
sogenannten Regreßparagraphen. Wenn ich mich bezüglich der Wildschadenersatzpflicht

auf den Boden der Billigkeit und Gerechtigkeit gestellt habe, so muß ich gerade von diesem Standpunkt aus den § 819a bekämpfen.

Meine Herren, dieser § 819a wirkt meines Erachtens in doppelter Richtung ungerecht: einmal begünstigt er den an sich in erster Linie Schadenersatzpflichtigen, welcher ja das Recht hat, wenn man das in Frage stehende Wild, das Schwarz- oder Rothwild, aus dem Wald ins Feld tritt es niederzuschießen, da er dort das Jagdrecht hat. Er hat also Vortheil, kann deshalb auch Ersatz leisten und nicht derjenige, dessen Wild weggeschossen wird. Man sagt allerdings, in der Schonzeit dürfe er es nicht niederschießen. Ja, in der Schonzeit darf er dann überhaupt kein Wild schießen. Das beweist zu viel und darum nichts! Auch dasjenige Wild, welches seinen Stand nicht in einem anderen Jagdbezirk hat und nicht dorther kommt, darf er nicht niederschießen. Also der Umstand, daß er während der Schonzeit nicht schießen darf, kann absolut keinen Grund dafür abgeben, sich den Regreß von einem Anderen zu verschaffen, dessen Wild er außerhalb der Schonzeit niederschießt, wenn es aus seinem Wald in dessen Feldjagdbezirk kommt. Das wäre die zweite Ungerechtigkeit, die gegen den Inhaber des anderen Jagdbezirks. Dann ist es furchtbar schwer, festzustellen, woher das Wild kommt, in welchem Walde es seinen Stand hat. Die Herren sprechen immer nur vom Großwaldbesitzer, — als ob all der Wald um ein Feld, aus welchem Rothwild und Wildschweine auf das Feld kommen, nur ein großer Wald wäre, welcher einem Großwaldbesitzer gehörte! Dieser Wald kann unter Umständen sehr verschiedene Eigenthümer haben. Ich erinnere sodann daran, daß die Grenzen oft sehr komplizirt sind und in einander überlaufen und gegen das Feld hin in schmale Streifen auslaufen. Wie wollen Sie da feststellen, aus welchem Wald das Wild herausgekommen ist? Das Wild trägt kein Halsband mit dem Namen des Besitzers, aus dessen Walde es gekommen! (Sehr richtig! rechts.)

Die Ungerechtigkeit und die Schwierigkeit des Beweises sind ja auch im Kommissionsbericht und von den Rednern, welche heut den Antrag befürwortet haben, theilweise anerkannt worden; aber Sie sagen, das könne keinen Grund geben, weshalb man diesen Paragraphen ausstreiche. Für mich ist es aber ein absolut verbindlicher Grund, den Antrag abzulehnen, weil er ungerecht wirkt, und weil er zu einer Menge ungewisser, nutzloser und kostspieliger Prozesse führt, die damit enden, daß man den Erweis nicht erbringen kann, aus welchem Walde dieses Wild herauskam. Es ist die Ungerechtigkeit, von der ich vorher gesprochen habe, ebenfalls in der Kommission anerkannt worden. Dies kam zum Ausdruck in dem Antrag Dr. Enneccerus, welcher dem Waldbesitzer nur die Hälfte des Schadenersatzes zurechnen wollte. Dieser Antrag wurde aber, weil er als unausführbar erkannt wurde, in der Kommission selbst wieder zurückgezogen.

Andererseits aber auch scheint die Kommission doch überhaupt nicht so sehr von der Güte ihres Antrags überzeugt gewesen zu sein. Der Kommissionsbericht sagt uns, daß der Antrag in der ersten Lesung mit großer Majorität angenommen worden ist, in der zweiten Lesung aber nur noch mit einer Stimme Mehrheit. Wer weiß, ob, wenn eine dritte Lesung vorgenommen worden wäre, er nicht mit Mehrheit verworfen worden wäre. Ich möchte Sie bitten, ihn heute im Plenum zu verwerfen. Jedenfalls aber bitte ich Sie: nehmen Sie den Kommissionsantrag zu § 819 an mit der Maßgabe, daß man die Worte „durch Hasen" herausstreicht. Sie werden dadurch zur Beruhigung der erregten Gemüther beitragen und sich den Dank der landwirthschaftlichen, insbesondere der kleinbäuerlichen Bevölkerung erwerben! (Bravo rechts.)

Abgeordneter **Lenzmann:** Meine Herren, es bildet eigentlich eine recht angenehme Abwechslung die Behaglichkeit und Breite, mit der wir heute, im Gegensatz der Ueberhastung von gestern und vorgestern, die Wildschadenfrage erörtern und debattiren. Es ist bezeichnend, daß wir wahrscheinlich den ganzen Tag, möglicherweise noch einen zweiten Tag darauf verwenden, um eine Interessenfrage der Agrarier zu erörtern und vor einer Ueberhastung zu bewahren. Es ist bezeichnend, daß der preußische Herr Landwirthschaftsminister unter dem Beifall des Bundes der Landwirthe gegen den Schutz der Kleinbauern eingetreten ist. (Bewegung rechts.) Wir wollen uns das merken, und andere Leute werden es sich auch merken.

Meine Herren, ich freue mich, daß ich nach dem Herrn Kollegen Gröber spreche: man weiß doch jetzt wenigstens einigermaßen, wie der Hase läuft. (Große Heiterkeit.) Gestern ging noch das Gerücht, als ob auch hier ein Handelsgeschäft getrieben werden solle, welches ja nach dem Ausspruch eines Herrn Kollegen dem heutigen Parlamentarismus den Stempel aufdrückt. Es scheint aber doch, als ob das Geschäft nicht zu Stande gekommen wäre. (Heiterkeit.) Ich freue mich, wenn das Zentrum, für welches der Herr Abgeordnete Gröber ja gesprochen hat, das Hasenpanier nicht ergreift (Heiterkeit) und den Hasen sowie den Regreßparagraphen beibehalten will. Trotz alledem, meine Herren, ziehen wir unseren Antrag auf namentliche Abstimmung nicht zurück, weil wir doch Werth darauf legen, und es Noth thut, dem Lande einmal zu zeigen, wo die Freunde der kleinen besitzenden Landbevölkerung sitzen, und wo ihre Gegner sitzen (sehr richtig! links); die Gegner der kleinen Landbevölkerung werden mit Nein stimmen und die Freunde mit Ja. (Sehr richtig! links. Zurufe rechts.) Dieses Verständniß wird das Land für das Nein der einen oder der anderen Seite haben.

Meine Herren, es ist gesagt worden, die Wildschadenfrage zu erledigen, gehöre gar nicht in das bürgerliche Gesetzbuch, sondern müsse der Landesgesetzgebung überlassen bleiben, und der Herr Abgeordnete Graf von Mirbach wies darauf hin, daß der Wildschaden in Folge der klimatischen und sonstigen Verhältnisse um so verschiedener sei in den verschiedenen Gegenden Deutschlands, daß eine einheitliche Regelung vom Uebel sei. Ich will zugeben, daß das Quantum des Schadens, welchen das Wild zufügt, jenseits und diesseits der Elbe, im Osten und Westen ein sehr verschiedener sein kann und sein wird. Aber das Eine gilt doch für das ganze Deutsche Reich, daß, wenn jemand zu seinem Nutzen einem Anderen Schaden zufügt, die ausgleichende Gerechtigkeit es verlangt, daß dieser Schaden auch von demjenigen, der den Nutzen hat, ersetzt wird. (Sehr gut! links.) Es ist die einfache rechtliche und rechts-philosophische Grundlage des Wildschadens: es ist ein Schadenersatzanspruch, und der gehört ins bürgerliche Gesetzbuch und zwar in das Kapitel, welches vom Schadenersatz handelt. (Sehr richtig! links.)

Meine Herren, wir haben ja in den einzelnen Landen uns schon lange bemüht, ein brauchbares Wildschadengesetz zu Stande zu bringen; einzelnen ist es ja gelungen, einzelnen nicht. Württemberg hat gar kein Wildschadengesetz; in Preußen haben wir das Gesetz vom 11. Juli 1891, welches leider Gottes auch wieder in Folge eines Handels zwischen dem Herrenhause und dem Zentrum, vertreten durch den Herrn von Huene, zu Stande gekommen ist und demzufolge mit allen Mängeln behaftet ist, die Gesetze an sich zu tragen pflegen, die man als Produkte derartiger Handelsgeschäfte bezeichnen muß. Es freut mich, daß endlich einmal das Deutsche Reich einsetzt und zu Grundsätzen kommt, die im allgemeinen verständlich sind, und die namentlich, wenn sie durch Annahme der Kommissionsbeschlüsse erweitert sind, das preußische Wildschadengesetz vom 11. Juli 1891 ganz wesentlich verbessern. Nachtheile sehe ich bei der Annahme der Kommissionsbeschlüsse nicht. Alles das- jenige, was von den Herren von der äußersten Rechten heute vorgebracht worden ist und auch von dem Herrn Landwirthschaftsminister vorgebracht worden ist, alles das haben wir schon in der Kommission gehört und in viel schönerer Form, als es heute vorgetragen worden ist, in dem wirklich recht flott und wacker geschriebenen Büchelchen des Herrn Oberforstmeisters Danckelmann gelesen. Ich kann mich also im wesentlichen darauf beschränken, was in diesem Büchelchen steht.

Da wir zunächst ausgeführt, daß es wünschenswerth wäre, den Wildschaden- ersatz für die Hasen wieder zu streichen, also den Antrag des Herrn von Gültlingen anzunehmen. Die Argumente, die da vorgebracht worden sind, haben mich nicht überzeugt, und meine politischen Freunde und ich werden gegen den Antrag stimmen. Ob wir da auch noch mit einer namentlichen Abstimmung einsetzen werden, wollen wir uns vorbehalten. Ich weiß nicht, ob wir es thun werden; wahrscheinlich ist es aber; wir legen großen Werth darauf, hier festzustellen, wer ein so großer Freund des Hasenbratens ist, daß ihm in Folge dessen das Eigenthum seines Mit- menschen weniger gilt. (Heiterkeit rechts.)

Es wird gesagt, der Hase sei ein einsam speisendes Thier und thäte darum weniger Schaden. Ich weiß nicht, ob das Speisen in Gesellschaft gerade den Appetit besonders schärft. (Heiterkeit.) Es ist mir ganz gleichgiltig, ob Millionen von Hasen einzeln den Weißkohl abfressen, oder ob sie das in Rudeln von 20 oder 30 Stück thun. Fressen thun sie ihn doch; denn von der Sonne können sie nicht leben. (Heiterkeit.) In Folge dessen werden sie auch auf ihren einsamen Gängen dasselbe Quantum zu sich nehmen, als wenn sie in Gesellschaft zu diniren pflegten. (Heiterkeit.) Wie der Hase weniger Schaden thun soll, weil er einsam zu speisen pflegt, ist mir nicht erfindlich. Der Entschädigungsgrund liegt darin, daß der Hase sich von dem Eigenthum dessen ernährt, dem er nicht gehört, der ihn nicht schießen darf, dem also weder mit seinem Fell, welches dem Herrn Kollegen von Gültlingen so werthvoll zu sein scheint, noch auch mit seinem schmackhaften Fleisch nützt. Ich meine: wer von dem Thier Nutzen hat, soll auch die Nahrung des Thieres bezahlen, wie ja auch der Bauer seine Kuh selbst zu ernähren hat. Wenn der Hase von dem fremden Eigenthümer ernährt wird, so muß dasjenige, was der Hase an Nahrung zu sich nimmt, von demjenigen ersetzt werden, dessen Eigenthum sich im Wege des Verdauungsprozesses vermehrt.

Es ist nun gesagt worden, man könnte sich gegen die Schädlichkeit dadurch schützen, daß namentlich die kleinen Grundbesitzer ihre Gärten, Baumhöfe u. s. w. einfriedigen. Das mag im Osten gehen, wo man vielleicht so große Gärten hat, daß es sich rentirt, sie mit einem Gehege zu versehen. Bei uns im Westen, in unseren industriereichen Gegenden, liegen die Sachen ganz anders. Da hat jeder kleine Arbeiter meist ein Gärtchen, welches er mit einer Hecke nicht versehen kann, weil ihm das Setzen und Instandhalten der Hecke zu theuer käme im Verhältniß zu dem Erträgniß des Gärtchens. Wir haben deswegen eine Menge sogenannter Garten- beete auf freiem Feld, die nicht eingefriedigt sind, auf dem die Hasen großen Schaden anrichten. Ein kluger Landrath rieth den Westfalen vor einiger Zeit, sie sollten sich gegen die Hasen dadurch schützen, daß man Klappern aufstellte. Das ist auch versucht worden; aber die Folge davon war, daß die Hasen sich sehr bald nicht nur an die Klappern gewöhnten und sich nicht mehr davor fürchteten, sondern die Klappern schließlich als ein sehr amüsantes Spielzeug kennen lernten und hinkamen und selbst die Klapper bewegten. (Große Heiterkeit.) Das sind also Mittel, die nicht ziehen.

Herr Graf Mirbach sagte mit Recht: wir wollen uns auf den Boden der realen Verhältnisse stellen, und das wollen wir unsrerseits auch thun. Dann kommen Sie aber nicht mit solchen Mitteln, jedes Gemüsebeet einzuhegen, jede Kappuspflanze unter eine Glasglocke zu setzen, damit kein Hase daran kommen kann! (Heiterkeit.) In diesem Augenblick wird mir eine Petition von Gartenbesitzern aus Düsseldorf vorgelegt vom 21. Juni, in der mit Recht ausgeführt wird, daß die Gartenbesitzer durch den Hasenschaden ganz außerordentlich litten. Es heißt darin wörtlich:

> Mit großer Befriedigung haben wir von dem von der Reichstagskommission für das bürgerliche Gesetzbuch gefaßten Beschlusse, im § 819 die Wildschadenersatzpflicht auch für den durch Hasen verursachten Schaden festzustellen, Kenntniß genommen.

Es wird dann weiter ausgeführt, daß sie beunruhigt worden seien durch die Perspektive, daß dieses gute Gesetz wieder aufgehoben wird, und es heißt dann:

> In schneereichen Wintern ist der Schaden, welcher den Baumschulen, Blumen- und Gemüsegärtnereien durch Hasen und wilde Kaninchen zugefügt wird, so groß, daß der Ertrag jahrelanger Mühe und Arbeit oft in wenig Nächten verloren geht. Die dichtesten Hecken, auch Drahtgeflecht haben sich erfahrungsmäßig gegen das Eindringen der Hasen und Kaninchen als unwirksam erwiesen. (Zuruf rechts.)

— Hasen und Kaninchen, schreibt der Mann.

Nun, meine Herren, wenn das wahr ist, dann verlangt es doch die Gerechtigkeit, daß man die Leute, die dadurch geschädigt werden, schadlos hält, und derjenige handelt unrecht, der diesen Schaden nicht abwenden will. Als wir vor einigen Jahren das Brieftaubengesetz machten, haben wir Rücksicht genommen auf die kleinen Gartenbesitzer; hier wollen wir nicht darauf Rücksicht nehmen lediglich zum Nutzen derjenigen, die die Jagd üben; denn das läßt sich nicht leugnen: die Jagd ist schließlich ein Vergnügen der vornehmeren Kreise; sie ist ein Sport, und der geringe Nutzen, den das jagbare Vieh für den Nationalwohlstand bildet und vielleicht auch die wilde Sau durch das Vertilgen von Insekten (Heiterkeit), ist doch nicht in Anschlag zu bringen gegen den Schaden, den das Wild anrichtet, und gegen die Persönlichkeiten, gegen die die Schadenanrichtung sich hauptsächlich richtet; gerade die Aermsten, die Kleinsten werden davon getroffen. Ich bitte Sie bringend, den Antrag von Gültlingen abzulehnen, im übrigen die Kommissionsanträge anzunehmen.

Auf die Fasane will ich mich nicht einlassen, obgleich ich mich gewundert habe, daß der Herr Landwirthschaftsminister auch da noch einige Bedenken gegen den § 819 vorgetragen hat. Also über den ersten Paragraphen, der die Wildschadenersatzpflicht überhaupt für Reh-, Damwild u. s. w. einführt, will ich nicht sprechen; denn das scheint mir auch schon ziemlich festzustehen, daß die Anträge des Herrn Grafen von Mirbach und des Herrn von Stumm Aussicht auf Annahme nicht haben, daß wir also nicht den Rückschritt machen, den Wildschadenersatz vollständig zu beseitigen und es der Landesgesetzgebung zu überlassen, wie sie denselben regeln will. Ich will nur mit wenigen Worten begründen, weswegen es bringend wünschenswerth ist, die Beibehaltung des § 819a des Kommissionsbeschlusses zu verlangen und zu befürworten.

§ 819a schreibt vor, daß beim Standwild, wenn es wechselt, in ein anderes Gebiet übertritt, derjenige den Schadenregreß leisten soll, der das Standwild in seinem Wald hält. Meine Herren, der Herr Kollege Graf Mirbach meinte zwar, es läge dieser Bestimmung ein juristischer Gedanke gar nicht zu Grunde, es sei ein juristisches Unding. Ich meine, diese Bestimmung ist spezifisch juristischer Natur, wenn man den ganzen Wildschaden auf das Gebiet des Schadenersatzes fundirt. Derjenige, der das Wild in seinem Wald als Standwild hat, ist der Eigenthümer des Wildes — natürlich nicht im zivilrechtlichen Sinne gesprochen, sondern überhaupt, um das Verhältniß anzudeuten, welches zwischen dem Jagdberechtigten und dem Wild besteht. Das ist der eigentliche Eigenthümer, nicht derjenige, auf dessen Boden das Wild übertritt. Sein Wild wird von den fremden Erträgnissen ge- füttert ebenso, wie sich die Kuh, die aus dem Stall tritt und auf dem fremden Grund und Boden äst, auch zu Nutzen desjenigen, dem der Stall gehört, sich am fremden Gut bereichert. Wenngleich es nun richtig ist, daß dem Geschädigten zunächst ein Schadenersatzanspruch zugewiesen wird gegen den Ausübenden des Jagdrechts auf dem Terrain des geschädigten Grundstücks, so ist es weiter nichts als eine Forderung der ausgleichenden Gerechtigkeit, daß man den in erster Linie Schadenersatzpflichtigen mit einem Regreß an denjenigen verweist, dem das Wild eigentlich gehört, dessen Wild also durch fremdes Eigenthum ernährt wird. Das ist der juristische Gedanke, und den hätte Herr Graf Mirbach sich auch wohl aneignen können; dann hätte er uns den Vorwurf erspart, daß dieser § 819a geradezu ein juristisches Unding sei.

Es fragt sich nur, ob gegen diesen an und für sich richtigen und nicht bestreit- baren Gedanken sich so erhebliche Bedenken erheben, daß es nothwendig ist, ihn fallen zu lassen, und diesen Beweis sind die Gegner uns schuldig, wenn anders sie anerkennen wollen, daß die Gerechtigkeit erheischt, denjenigen zahlen zu lassen, dessen Wild auf fremdem Grund und Boden ernährt wird. Sehen wir daher in ganz kurzer Betrachtung, ob denn diese Bedenken berechtigt sind!

Zunächst ist in der Broschüre des Herrn Dr. Danckelmann ausgeführt, daß es ja sehr schwer sei, den Stand des Wechselwildes zu bestimmen, daß das Wechsel- wild, namentlich der Hirsch in der Brunstzeit und die Sau, arge Vagabunden seien, die oft meilenweit in einem Tage liefen, einen weiten Weg vom Hause weg zu gehen pflegten, sodaß ihre Heimathsstätte, ihr Standort kaum festzustellen sei. Ja, das ist mir bekannt. Gewiß, namentlich das Wildschwein macht ganz kolossale Wege — und doch hat das Wildschwein auch meistens in einem ganz bestimmten Bezirk seinen Stand, in den es, wenn auch Tage darüber hingehen, zurückkehrt, in den es eben seine Familie wirft (Heiterkeit), in dem seine Heimath, sein Standort anzusprechen ist. Ob der Standort der Sau meilenweit von dem beschädigten Grundstück entfernt ist, das ist mir gleichgiltig. Namentlich in großen Wald- komplexen bildet sich ein bestimmter Wildstand auch beim Schwein aus. Vor einiger Zeit brannte bei uns ein Komplex von mehreren hundert Morgen Tannen- schonung ab; kein Mensch schickte sich an zu retten; man mußte sozusagen, wer es angezündet hatte; keiner gab sich dazu her, den Verräther zu spielen — und warum übte das Volk diese ganz sicherlich vom Standpunkt des Rechts und der Moral nicht zu billigende Enthaltsamkeit beim Retten und Anzeigen? Die Leute erklärten ausdrücklich: es brennt dem Grafen sein Schweinestall, und dem Grafen seinen

Schweineſtall zu retten, dazu haben wir keine Veranlaſſung, wir, die wir durch die Schweine geſchädigt werden. An dieſem Ausſpruch zeigt ſich auch, daß die Sauen einen beſtimmten Standort haben, und daß dieſer ſehr wohl als Stall der Schweine, als Schweineſtall bezeichnet werden kann.

Auch iſt es gar ſo ſchwierig nicht, nachzugehen bis dahin, wo der Standort iſt. Man braucht nur den Spuren zu folgen. Im allgemeinen pflegt aber bei großer Waldung in der That ſich nur ein Wildſtand zu finden. Haben wir Wildschaden von einer beſtimmten Art aufzuweiſen, ſo kann man meiſtens darauf rechnen, daß er auf das Wild zurückzuführen iſt, welches dieſen einheitlichen Stand hat.

Dann wurde geſagt, wir hätten in Hannover ſchlechte Erfahrungen gemacht. Ja, Herr von Bennigſen ſagt es, und der Herr Landwirthſchaftsminiſter hat es wiederholt. Wenn wir aber den Stimmen glauben, die uns aus Hannover zugegangen ſind, ſo verhält es ſich damit ſo, daß wir mit dieſen Geſetzesparagraphen und auch mit dem Haſenparagraph in Hannover namentlich für die kleinen Leute ſehr gute Erfahrungen gemacht haben. Der Herr preußiſche Landwirthſchaftsminiſter hat zwar die Anſicht der „Freiſinnigen Zeitung“ zurückgewieſen, daß in der Provinz Hannover die Anträge der Provinzial und Kreisvertretungen nur von Großgrundbeſitzern ausgingen; er hat behauptet, darin ſäßen auch Vertreter der Städte und kleinere Grundbeſitzer u. ſ. w. Ja, das iſt richtig. Aber das weiß man doch auch, durch welchen Durchſiebungsprozeß die Provinziallandtage und Kreistage zu Stande kommen. (Sehr gut! links.) Und wenn auch die Großgrundbeſitzer ſelbſt nicht ausſchließlich darin ſitzen, ſo ſitzen doch meiſtens ihre Kreaturen drin (oh! oh! rechts), die von ihnen kommandirt werden, ſodaß, wenn ſie ihre Stimme abgeben, die „Freiſinnige Zeitung“ vollkommen Recht hat, zu ſagen: das ſind die Stimmen der Großgrundbeſitzer. Da verlaſſen wir uns mehr auf die Thatſachen, die mir zu Dutzenden von kleinen Leuten in Hannover berichtet ſind.

Mit einer gewiſſen — ich will nicht ſagen: Böswilligkeit, aber doch — Spitze, wahrſcheinlich gegen diejenigen Juriſten, die die Kommiſſionsbeſchlüſſe zu vertreten gedenken, ſprach der Herr Landwirthſchaftsminiſter von der Ausſicht, daß ſich zu Gunſten der Advokaten die Prozeſſe ins Unendliche vermehren würden, und daß dieſer Paragraph in Hannover zu einer Unzahl von Prozeſſen geführt hätte. Ich kann den Herrn Landwirthſchaftsminiſter darüber beruhigen; über das Wachſen meiner Praxis braucht er nicht mißgünſtig zu ſein. Denn bei uns giebt es derartige Prozeſſe nicht; ich würde ſie auch nicht führen. Aber, meine Herren, ich glaube, daß der ganze Einwand auch unrichtig iſt. Gerade wenn ſich herausſtellt, daß der ſtrikte Beweis verlangt wird, dann werden die Prozeſſe nicht wachſen, und wenn erſt den Leuten zum Bewußtſein gekommen iſt, daß wir in unſerem bürgerlichen Geſetzbuch den § 248 haben, der da beſagt, daß derjenige einen Schadenerſatzanſpruch nicht erheben darf, der es unterlaſſen hat, den Schaden abzuwenden oder zu mindern, wenn die Erkenntniß erſt beim Volk in Fleiſch und Blut übergegangen iſt, daß man an ſeinem Theile alles thun muß, um den Schaden abzuwenden und zu mindern, daß der Gartenbeſitzer z. B., der, ohne ſich in ſeinem Vermögen zu ſchädigen, einfriedigen kann, wenn er nicht einfriedigt, Wildſchadenerſatz nicht zu beanſpruchen hat, dann werden die Prozeſſe zum großen Theil verſchwinden.

Ich gebe zu, daß die Schwierigkeit, den Begriff des Standwildes, des Wechſelwildes feſtzuſtellen, zu ermitteln, auf welche Wildheerde vielleicht ein Schaden zurückzuführen ist, dazu führen wird, manche Prozesse aussichtslos zu machen, vielleicht in sehr vielen Fällen die Wirksamkeit dieses Gesetzes zu versagen. Aber, meine Herren, das werden immer nur die kleineren Fälle sein. In den größeren Fällen, gerade in denen, wo der größte Grundbesitzer, der Fiskus, vielleicht einen Schadenersatz zu leisten hat, da wird es leicht sein, festzustellen, wovon der Schaden kommt, und auch zu ermitteln, wie viel an Schadensersatz zu leisten ist. Hundertmal wird die Bestimmung versagen in kleinen Fällen, ein einziges mal wird das Gesetz helfen, in einem großen Falle vielleicht, und demzufolge wird es schon als ein Fortschritt zu begrüßen sein.

Es ist von Seiten des Herrn Grafen Mirbach die Befürchtung ausgesprochen worden, der § 819a würde wahrscheinlich den Effekt haben, daß die großen Waldbesitzer zur Eingatterung gezwungen würden. Ja, meine Herren, wir hoffen, daß er diesen Effekt haben wird (sehr richtig! links); wir wünschen es, und demzufolge legen wir großen Werth gerade auf diesen Paragraphen. In den Jahren 1888 und 1889 hat die Fortschrittspartei, im Jahre 1890/91 das Zentrum in beschränkterer Weise geradezu die Verpflichtung zur Eingatterung von Damwild, Rothwild und Schwarzwild verlangt. Wir haben diesen Antrag jetzt nicht wiederholt, einmal weil wir uns sagen, daß in einem Wechselterrain das Eingattern unter Umständen mit großen Unbequemlichkeiten für das Publikum verbunden sein kann, zweitens — und das ist der hauptsächliche Grund — weil wir dem § 819a den Effekt zutrauen, daß er auch ohne gesetzliche Verpflichtung das Eingattern dort zur Pflicht machen wird, wo es in der That wünschenswerth und nützlich ist, und dann erreichen wir mehr, weil wir die Unannehmlichkeit, auch dort zur Eingatterung zu zwingen, wo es nicht absolut nothwendig ist, vermeiden. Weshalb soll es denn so schlimm sein, wenn die Leute zur Eingatterung gezwungen werden?

Herr Abgeordneter Graf Mirbach sagt, der Wald würde dadurch deteriorirt. Sonst hören wir immer von jener Seite (zur Rechten), der Wald werfe eine schlechte Rente ab, er sei überhaupt bei den geringen Holzzöllen wenig rentabel, sodaß man in der That glauben sollte, der Holzbestand käme dabei nicht in Betracht, sondern nur der Wildbestand. Eine Vermehrung des Wildbestandes aber würde die Jagdrente beim eingegatterten Walde erhöhen. Man muß jedoch nicht alles so tragisch nehmen, was die Herren auf der Rechten sagen mit der Unrentabilität bei verschiedenen Produktionszweigen. Hat doch der Herr Graf Mirbach erst kürzlich in den Zeitungen zugegeben, daß er in den letzten 30 Jahren — nicht mal ein ganzes Menschenalter — 8000 Morgen Wald zu seinem Grundbesitz hinzugekauft hat. Das muß doch also nicht so unrentabel sein! Oder, wenn sich Herr Graf Mirbach den Luxus leisten kann, so ist er viel reicher, als wir denken; er ist dann ein nothleidender Agrarier (Zurufe) erster Güte (Bravo! links), in einer beneidenswerthen Stellung. Das geht ja uns, wie Herr Gröber richtig ausgeführt hat, gar nichts an, in welchem Maß die eingegatterten Wildbestände sich vermehren. Das geht uns ebenso wenig an wie das, wie viel Kühe der Bauer sich anschafft, um seine Felder und Wiesen wirthschaftlich rentabel zu machen. Das mögen die Herren mit sich selbst ausmachen; das eingegatterte Wild schadet nichts, und deswegen kann man unsertwegen so viel eingattern, wie man will.

Nehmen Sie daher die Kommissionsbeschlüsse an! Sie erfüllen damit nur die Verpflichtung, die Ihnen das Recht auferlegt, und die darin besteht, den Schaden zu ersetzen, der einen Nutzen für einen Anderen herbeiführt. Sie auf der Rechten sagen ja immer, Ihr ganzer agrarischer Kampf geschehe zum Nutzen der kleinen Landwirthe. Hier können Sie nun wirklich zeigen, ob Sie Freunde der kleinen Landwirthe sind (sehr richtig! links), oder ob bei Ihnen der kleine Landwirth erst bei 300 Morgen anfängt, die zur eigenen Jagd berechtigen. Ist das wirklich keine leere Redewendung, daß Sie für die kleinen Landwirthe sorgen wollen, — nun, meine Herren, dann bewahren Sie dieselben davor, daß sie in ihrem Wohlstand aufgefressen und verzehrt werden durch das Wild des vornehmen Waldbesitzers. (Unruhe und Zurufe rechts. Sehr richtig! links.) Bewahren Sie auch davor den kleinen Arbeiter, der durch den Hasen sehr geschädigt wird; Sie erfüllen wirklich nichts weiter als eine Pflicht der Gerechtigkeit, wenn Sie die Kommissionsbeschlüsse annehmen und nicht ein einziges Wort davon streichen.

Ich habe einen Antrag zu § 819a gestellt; er ist lediglich redaktioneller Natur. Wenn § 819a in der Kommissionsfassung bestehen bleibt, dann führt er eigentlich zu gar nichts, namentlich dem Fiskus gegenüber. Denn wenn da gesagt ist: bei Wechselwild soll derjenige regreßpflichtig sein, der in seinem eigenen Bezirk schaden= ersatzpflichtig wäre, — so würde das ja den Fiskus, der sein gesammtes Jagd= terrain auch als Eigenthümer besitzt und sich selbst gegenüber nicht schadenersatz= pflichtig ist, vollständig regreßlos machen. Ebenso ist es mit dem Großgrund= besitzer, der auch vollständig Eigenthümer der Jagdgründe ist. Demzufolge war hinzuzusetzen, daß derjenige regreßpflichtig sein soll, der den Schaden zu ersetzen haben würde, falls das geschädigte Grundrecht als fremdes, nicht ihm gehöriges in dem anderen Jagdterrain, von dem aus das Wild austritt, liegt, und diesem ist Ausdruck gegeben durch meinen Antrag, den Sie vielleicht noch dadurch ergänzen können, um es klarer zu machen, indem sie das Wort „eingeschlossen" hinzusetzen. Es ist, wie gesagt, eine redaktionelle Aenderung, die nothwendig ist, um § 819a zu einem verständigen zu machen.

Ich kann Sie daher nur dringend ersuchen, auch diesen Antrag anzunehmen. Auch hier sage ich wiederum: er entspricht einem praktischen Bedürfniß. Auch hier bitte ich Sie wiederum, zu bedenken, daß es die Aufgabe des bürgerlichen Gesetz= buchs ist, sich auf den Boden der realen Verhältnisse zu stellen, und vergessen Sie bei dieser ganzen Materie nicht, daß es sich um den Schutz der kleinen Leute handelt, deren Interessen wahrzunehmen Sie stets geloben. Wir glauben diesem Gelöbniß nicht mehr, wenn Sie an dieser Stelle die kleinen Leute im Stiche lassen. (Lebhaftes Bravo links.)

Abgeordneter Freiherr **von Manteuffel:** Meine Herren, der Herr Abge= ordnete Lenzmann hat seine Rede damit begonnen, daß er sagte, nach den Aus= führungen des Herrn Abgeordneten Gröber wisse man nun doch, wie der Hase läuft. Nun hat aber der Abgeordnete Lenzmann in seinen ferneren Ausführungen eine so kolossale Unkenntniß bezüglich des Hasen an den Tag gelegt, daß ich nicht glaube, daß er weiß, wie der Hase läuft. (Heiterkeit.)

Der Abgeordnete Lenzmann hat sowohl in der Einleitung seiner Rede wie auch am Schluß meine politischen Freunde wie alle Mitglieder der Rechten dieses Hauses darauf hingewiesen, daß hier Gelegenheit sei, einmal das wahr zu machen, was wir immer im Munde führten, daß wir den kleinen und mittleren Grundbesitzer schützen wollten und diesen vor dem Ruin hüten. Wenn wir das wirklich thun wollten, dann müßten wir für die Kommissionsbeschlüsse resp. für seinen Antrag stimmen und nicht dem Antrag auf Streichung des § 819a oder gar Streichung dieser ganzen Angelegenheit unsere Zustimmung geben. Bewiesen aber hat Herr Abgeordneter Lenzmann in keiner Weise, daß gerade das, was der Kommissions=vorschlag bringt und sein Antrag bezweckt, den mittleren und kleineren Besitzern von Nutzen sein würde. Ich bestreite das aufs allerentschiedenste. (Sehr richtig! rechts.) Sie würden die niedrige Jagd in erster Linie, aber auch die andere voll=ständig ruiniren und gerade für die Gemeinden und in diesen für die kleinen und mittleren Besitzer als die Hauptbetheiligten einen ganz erheblichen Schaden hervor=rufen dadurch, daß die Erträge aus der Jagd in Bälde auf ein Minimum reduzirt würden. (Sehr richtig!)

Ich behaupte sogar: in den Gegenden, die hohe Jagdpachten erzielen — und um diese handelt es sich hier; das sind die Gegenden an Eisenbahnen und in der Nähe größerer Städte in dicht bevölkerten Ländern —, würde eine vollständige Umwälzung der Gemeindelasten die Folge sein. (Sehr richtig!) Jetzt werden diese Lasten zum großen Theil durch die Jagdpächter gedeckt. Sehen Sie sich die Land=gemeinden doch an! Wenn dort statt der 12= bis 1500 Mark nur 3= bis 500 Mark aus der Jagd eingehen werden, dann müssen mehr Kommunalsteuern erhoben werden, und das wird den betreffenden kleinen Leuten im höchsten Grade unangenehm sein. Es werden ja ganz enorme Jagdpachten bezahlt; der Hase kostet bis 100 Mark in manchen Gegenden. Darauf können Sie sich verlassen: es ist absolut nicht wieder gut zu machen, wenn Sie die Jagd ruiniren. Das werden Sie thun durch die Anträge, die Sie gestellt haben, und die in der Kommission angenommen worden sind.

Der Herr Abgeordnete Lenzmann hat neben dem Hasen hier auch das Kaninchen angeführt. Dieses unterliegt dem freien Thierfang und spielt hier keine Rolle. Nun hat er aber auf den Schaden hingewiesen, den das unschuldige Thier, der Hase, in den Baumschulen u. s. w. anrichtet. Zunächst möchte ich anführen, daß die großen Baumschulen, z. B. die von Späth bei Berlin, eingefriedigt sind und einen eigenen Jagdbezirk bilden. Der Baumschulenbesitzer hat es in seiner Macht, die Hasen todtzuschießen, die den Schaden in seiner Baumschule verursachen. Das ist eine nicht ganz unwesentliche Abhilfe, die ihm bezüglich des Schadens gegeben ist.

Und ich möchte Sie noch auf eins aufmerksam machen: wie wollen Sie fest=stellen, daß der Schade an den betreffenden Bäumen und Pflanzen thatsächlich vom Hasen herrührt? Die Mäuse machen im Winter viel mehr Schaden als die Hasen, (sehr richtig!) und wer soll denn den Mäuseschaden bezahlen? Wollen Sie etwa auch noch einen § 819 b hineinkorrigiren, der vom Mäuseschadenersatz handelt und vielleicht noch die Herkunft der Maus feststellt (große Heiterkeit), ob sie aus dem Revier A oder B kommt? Das würde sich vielleicht in diesem bürgerlichen Gesetz=buch ganz schmuck ausnehmen. (Heiterkeit.)

Ich verlasse damit Herrn Lenzmann und hoffe, daß sein Antrag fallen wird, und daß das, was er gesagt hat bezüglich der Kommissionsanträge, keinen Anklang in diesem hohen Hause finden wird. Wenn ich mich nun zu Herrn Gröber wende, so muß ich sagen, daß seine Kenntniß vom Hasen die des Herrn Lenzmann nach dieser Richtung wenig übertrifft. (Heiterkeit.) Er hat uns über die Lebensweise des Hasen und das Menu, welches sich derselbe zurecht zu machen pflegt, einen so wunderbaren Vortrag gehalten, daß ich es nicht für der Mühe werth halte, darauf noch einzugehen. (Oh! aus der Mitte.) Aber für so boshaft müssen Sie den Hasen nicht halten, daß er, wenn er sich an Kohl sattgefressen, nun hingeht und sich einen Bittern von den Akazien u. s. w. holt. Das thut der Hase ganz gewiß nur aus Noth, oder wenn es seine Gesundheit erfordert. (Große Heiterkeit.) Sie kennen den Hasen nicht. Das ist ja das Unglück! Der Hase muß das zeitweise thun für seine Zähne u. s. w. Aber daß Sie dem unglücklichen Hasen das noch imputiren, er wäre ein so niederträchtiges Thier, daß er sich erst an Gemüse satt frißt und sich nachher noch anderweit delektirt, das ist unglaublich.

Ich will mich nicht noch weiter mit dem Herrn Abgeordneten Gröber nach dieser Richtung beschäftigen; nur eins möchte ich noch anführen. Der Herr Abgeordnete Gröber hat gesagt, auf seiner Seite stände das preußische Staatsministerium. Darüber wird er jetzt beruhigt sein. Der preußische Herr Minister für Landwirthschaft hat hier zu meiner Freude doch eine ganz andere Stellung eingenommen als der Herr Abgeordnete Gröber. Aber er meinte auch, sogar das preußische Herrenhaus — und das wolle viel sagen — hätte sich auch mit der Wildschadenfrage in seinem Sinne beschäftigt. Ja, wenn ich den Satz, den der Herr Abgeordnete Gröber da hinzugefügt hat — er sprach nämlich von konservativen Männern und fügte dann das preußische Herrenhaus ein —, dazu nehme, so will ich den Satz einmal ungerügt passiren lassen. Denn wenn er das preußische Herrenhaus als besonders konservative Institution geschildert hat und ihm deshalb einen besonderen Werth beilegt, so bin ich ihm dankbar dafür, obgleich ich wünsche, das preußische Herrenhaus wäre manchmal noch konservativer. (Heiterkeit.) Wenn er aber meinte, von dem preußischen Herrenhaus etwas ganz exorbitantes zu sagen, ausführend, daß es sich sogar mit der Wildschadenfrage befaßt habe, so möchte ich doch behaupten: es giebt keine parlamentarische Körperschaft, wo so ruhig, sachlich und gründlich diskutirt wird, wie gerade das preußische Herrenhaus.

Nun muß ich aber, wenn ich weiter auf die Ausführungen des Herrn Abgeordneten Gröber eingehe, doch sagen, daß mich dieselben doch einigermaßen frappirt haben. Ich hatte nicht geglaubt, daß die Herren vom Zentrum so sehr auf dem Standpunkt stehen bleiben würden, den sie in der Kommission eingenommen haben, und dem nun heute wieder der Herr Abgeordnete Gröber Ausdruck gegeben hat. Das, muß ich sagen, beweist wenigstens ein Entgegenkommen unseren Wünschen gegenüber in keiner Weise, und deshalb mögen die Herren sich auch nicht wundern, wenn wir auf den Wünschen, die wir konstruirt haben, und die in den Anträgen der Herren Graf von Mirbach, Freiherr von Stumm und Pauli festgelegt sind, stehen bleiben. Vergegenwärtigen Sie sich nun noch die Ausführungen des preußischen Herrn Landwirthschaftsministers, die meiner Ansicht nach von keinem Menschen widerlegt worden sind, — alles, was die Herren Lenzmann und Gröber gesagt haben, war reine Theorie; der preußische Herr Minister hat aus Erfahrung gesprochen; er ist selbst Hannoveraner und ist in Hannover geschädigt worden. Sonst ist alles in der Regel vorzüglich, was aus Hannover kommt; die Jagdgesetzgebung scheint mir allerdings dort sehr mangelhaft gewesen zu sein. (Heiterkeit.) Und ein so erfahrener Herr in dieser Angelegenheit, wie der Herr Staatsminister, hat uns den deutlichsten Beweis dafür gegeben, daß sowohl die Einfügung des Hasen wie der Regreßpflicht nur dazu dienen kann, die Jagd zu schädigen, ja vollständig zu ruiniren, und von keinem der anderen Herren, insonderheit vom Herrn Lenzmann, sind die Ausführungen des preußischen Herrn landwirthschaftlichen Ministers auch nur nach einer einzigen Richtung hin widerlegt worden, konnten auch nicht widerlegt werden, weil es Ausführungen waren, die aus dem praktischen Leben hervorgegangen waren, weil der Schaden, der dort gemacht ist, dem preußischen Herrn Landwirthschafts minister sehr wohl bekannt ist. Ich stehe also vollständig auf dem Standpunkt des preußischen Herrn landwirthschaftlichen Ministers und habe nur das Eine zu bedauern, daß die Meinung, die er vertreten hat, — das ging ja ganz deutlich aus seinen Ausführungen hervor, — nicht im preußischen Staatsministerium und insonderheit nicht im Bundesrath zum Durchbruch gekommen ist. Wenn das geschehen wäre, dann würde das bürgerliche Gesetzbuch nicht mit diesen Bestimmungen bepackt worden sein, die absolut nicht ins bürgerliche Gesetzbuch gehören. Die gehören in ein Jagdpolizeigesetz, und deshalb bleibe ich auf dem Standpunkt stehen: heraus mit diesen Bestimmungen aus dem bürgerlichen Gesetzbuch! (Lebhafter Beifall rechts.)

Abgeordneter **Frohme:** Meine Herren, es macht einen eigenthümlichen Eindruck, zu beobachten, wie jetzt die Herren von der rechten Seite des Hauses mit dem preußischen Herrn Landwirthschaftsminister, der sich hier ja in so hervorragender Weise als Jagdminister gezeigt hat (sehr gut! links), eins sind. Es ist im weiteren recht charakteristisch, daß bei keinem Gegenstand des bürgerlichen Gesetzbuchs, so weit wir sie bis jetzt durchberathen haben, eine so erregte und tiefgreifende Debatte entstanden ist (sehr gut! links) wie gerade bei diesem. Wir haben außerordentlich wichtige, die weitesten Volkskreise und deren Interessen angehende Fragen hier zu erörtern und zu entscheiden gehabt. Diesen Fragen standen die Herren da von jener Seite mit dem Gefühl der vollständigsten Wurschtigkeit gegenüber. (Sehr richtig links.) Sie haben nichts zu reden gehabt zu der Frage des Vereinswesens im Interesse des Arbeiters, nichts zu reden gehabt zur Frage des Gesindewesens, zur Abschaffung der Gesindeordnung und allem, was dazu gehört. Zu diesen Fragen, welche die Interessen von Millionen betreffen, haben Sie es nicht für der Mühe werth gehalten, allerdings aus sehr leicht begreiflichen Gründen, Stellung zu nehmen. Aber hier, wo es sich lediglich darum handelt, den noblen Passionen von höchstens hunderttausend Leuten Rechnung zu tragen, (oho!) wo es sich für Sie darum handelt, ein Privilegium, wie es aus alten Zeiten Ihnen überkommen ist, geltend zu machen, da gerathen Sie aus Rand und Band (sehr gut! links); da sind Sie Feuer und Flamme. Eben haben wir noch aus dem Munde des Herrn Vorredners eine versteckte Drohung gehört, die wohl dahin gehen sollte, daß, wenn Ihren Wünschen nicht entsprochen werde, Sie überhaupt keine Lust mehr haben dürften, sich an den Berathungen zum bürgerlichen Gesetzbuch zu betheiligen. (Hört! hört! links.) Ja, meine Herren, es ist nöthig, diese Thatsache vor aller Welt hier festzulegen. 350 Jahre nach den Bauernkriegen, welche veranlaßt worden sind durch die Habsucht, den Uebermuth und die Unverschämtheit des Adels (sehr richtig! links, Lachen rechts), etwas mehr als 100 Jahre nach der französischen Revolution, die zum guten Theil auf dieselben Ursachen zurückzuführen ist (sehr gut! links, Lachen rechts), erleben wir heute, daß wiederum aufs neue von dieser Seite und vom Zentrum Stellung genommen werden muß gegen eine Anmaßung, die nun und nimmer mit dem Gerechtigkeitsgefühl und dem Rechtsbewußtsein des deutschen Volkes zu vereinbaren ist. Meine Herren, was Sie hier zu rechtfertigen suchen, ist allerdings nichts anderes als ein gegenüber dem allgemeinen Volksinteresse vollständig verschwindendes Sonderinteresse. Man verfährt da und dort in recht demagogischer Weise, wenn man zur Begründung der Forderung, daß diese Frage in dem bürgerlichen Gesetzbuch keine Regelung finden soll, sogar hineingreift in das Gebiet des allgemeinen gewerblichen Lebens, wie es in einer der Kommission zugegangenen Petition aus Interessentenkreisen geschieht. Da wird uns erzählt, daß der jährliche Ertrag aus Wildpret auf ungefähr 25 Millionen Mark zu schätzen sei, und es wird auf die Summen hingewiesen, welche durch die Ausrüstungen an Waffen, Munition, Jagdausrüstungs= gegenständen aller Art, Handel und Export von Wild und Pelzen, Transport von Wild, Fahrgelegenheit für Jäger und Hunde u. s. w. u. s. w. vereinnahmt werden, und es wird alles Ernstes versichert, daß diese Summen erheblich vermindert werden unter dem Druck eines unzweckmäßigen Wildschadengesetzes. (Heiterkeit links.)

Wenn Sie hier im Hause Ihre Freundschaft für den kleinen Mann, für den „Bruder Bauer", wie Sie ihn zu nennen belieben, erklären, so glaubt Ihnen das doch kein Mensch mehr, der Sie kennt; selbst der „Bruder Bauer", dürfte, wenn er von den heutigen Verhandlungen Kenntniß bekommt, so weit er überhaupt noch mit Ihnen geht, einsehen, daß er allen Grund hat, sich schleunigst von Ihnen ab= zuwenden. (Sehr richtig! links.) Meine Herren, Sie wollen nicht übersehen, daß das, was Sie angeblich den kleinen Bauern zu Gute kommen lassen wollen, in der That nichts anderes ist als ein Privilegium, welches Sie für sich in Anspruch nehmen wollen. Am liebsten möchten Sie ja überhaupt keine Gesetze machen, die den Wildschaden betreffen. Nein, wo überall noch in Deutschland in den Landesgesetz= gebungen solche Gesetze herbeizuführen versucht ist, da sind es gerade die Herren Kon= servativen gewesen, die diesen Bemühungen auf das Entschiedenste widerstrebt haben. Ich erinnere an die Verhandlungen im Jahre 1890/91 im preußischen Abgeordneten= hause, in denen klar zur Erscheinung gekommen ist, daß Sie allerdings auf dem Standpunkt stehen, die Bauern seien verpflichtet, Ihnen beziehungsweise Ihren Jagd= gerechtsamen tributär zu sein; der Bauer müsse sich von Ihrem Wild seine Saaten und seine Felder zertreten lassen und habe dafür keine Schadenersatzansprüche geltend zu machen. Sie sind aus der feudalistischen Voreingenommenheit und Anmaßung noch lange nicht heraus. (Lachen rechts.) Ueber 100 Jahre nach der französischen Revolution, von der man sagt, daß sie aufgeräumt habe mit den letzten Resten des Feudalismus, kommen Sie im Bunde mit dem preußischen Landwirthschaftsminister her und machen sich wieder neue Privilegien zurecht. Ich gebe mich der Hoffnung hin, daß es Ihrer Taktik nicht gelingen wird (Heiterkeit rechts), — Ihr Kopf= schütteln thut dazu gar nichts, verehrte Herren, — die Beschlüsse der Kommission aus der Welt zu schaffen. Wir bestehen auf deren Beibehaltung und werden davon unsere Zustimmung zu dem ganzen Gesetz mit abhängig machen.

Wollen Sie das Gegentheil thun, nun, so mögen Sie das verantworten vor der Welt, vor Ihrer Wählerschaft und dem deutschen Volke. Im Grunde genommen können Sie ja nichts anderes thun als eine solche Stellung einnehmen, um den von Ihnen noch getäuschten Kreisen der Bauern, der kleinen Besitzer endlich einmal gründlich die Augen zu öffnen. (Sehr gut! links; Bravo! rechts.)

Kommissar des Bundesraths, Königlich preußischer Oberforstmeister Dr. **Danckel= mann:** Verehrte Herren, man braucht gerade kein Jäger zu sein, um die viel= umstrittene, vielleicht zu viel umstrittene Hasenschadenfrage befriedigend zu lösen. Es genügt aber auch nicht vollständig, Jurist zu sein, weil Naturthatsachen mit= reden. Worauf es hier ankommt, ist, die Natur der Dinge zu kennen, um ihr gerecht zu werden. Nun behaupte ich dem Herrn Abgeordneten Gröber gegenüber, daß die Natur des Hasen, die ja schon von anderer Seite berührt worden ist, dazu führt, unter allen Umständen die von Ihrer Kommission beschlossene Ersatzpflicht für Hasenschaden zu beseitigen. Ich behaupte nach wie vor, daß der Hase seines Einzel= lebens wegen im Felde einen ganz untergeordneten Schaden macht, und wenn von anderer Seite — ich glaube, es war vom Herrn Abgeordneten Lenzmann — behauptet worden ist, es wäre ganz gleich, ob etwa 100 Hasen einzeln und vertheilt auf der Feldflur wären, oder ob diese 100 Hasen an derselben Stelle sich befänden, so beruht das einfach auf einem naturwissenschaftlichen Beobachtungsfehler. Wildschaden besteht nämlich nicht bloß darin, was das Wild verzehrt oder äst, sondern auch darin, was es zertritt und verliegt. Das kann bei gleicher Anzahl verhältnißmäßig unbedeutend sein bei Vereinzelung, während es erheblich ist bei geselligem Verhalten. Es ist und bleibt eine naturwissenschaftlich nicht zu bestreitende Thatsache, daß nur diejenigen Thiere, welche massenhaft auftreten, Schaden in bedeutender Weise anrichten. Um Ihnen einen Beweis dafür zu liefern, will ich nur die Kaninchen den Hasen gegenüberstellen. Es ist vorher die Rede gewesen von einer Petition — ich glaube, Herr Abgeordneter Lenzmann erwähnte sie ebenfalls —, die von den Düsseldorfer Gartenbesitzern eingereicht worden wäre. Ja, daraus geht nicht hervor, daß die Gartenbesitzer überhaupt den Schaden von Hasen und Kaninchen zu unterscheiden vermögen. Das ist nämlich gar nicht so leicht, und daß die Kaninchen unter dem Drahtgitter herkommen, ist eine bekannte Sache, allerdings nur denjenigen bekannt, die naturwissenschaftlich zu beobachten verstehen. Aus den naturwissenschaftlichen Thatsachen die Folgerung zu ziehen, ist Sache der Gesetzgebung. Die von Ihrer Kommission vorgeschlagene Vorschrift hat diese Folgerung nicht gezogen.

Meine Herren, im geltenden Recht kommen zunächst die Gesetze im Betracht, welche überhaupt keinen Hasenschaden vergüten; das ist der Fall im größten Theile von Deutschland. Daran reiht sich eine zweite Gruppe von Gesetzen mit beschränkter Ersatzpflicht. Sie vergüten Hasenschaden an Obstbäumen nur dann, wenn diese mit Schutzvorrichtungen versehen waren. So in Hessen, im rechtsrheinischen Bayern, in den vormals kurhessischen Landestheilen, in Meiningen und Anhalt. Endlich kommt eine ganz geringe Gruppe, die der Fläche nach winzigste, nämlich Hannover und Schaumburg-Lippe. Dort und nur dort besteht die unbeschränkte Hasenschadenersatzpflicht, welche die Reichstagskommission beschlossen hat. Sie unterliegt den allergrößten Bedenken. Aus den Gründen, die schon angeführt worden sind, will ich nur einige schärfer hervorheben, weil darauf Bezug genommen worden ist von Herrn Gröber.

Meine Herren, im Großherzogthum Hessen hat bis 1895 die unbeschränkte Hasenschadenersatzpflicht, welche Ihre Kommission will, bestanden. Unter ihrer Herrschaft sind — wie vom Regierungstisch hervorgehoben worden und unbestritten geblieben ist — die größten Mißbräuche, Prellereien, chikanösen Prozesse und Ungerechtigkeiten herbeigeführt. Wenn der Herr Abgeordnete Gröber zu Gunsten der Hasenschadenersatzpflicht angeführt hat, daß von der Jagdgenossenschaft Offenbach in einem Jahre 11 000 Mark Jagdpacht und 11 000 Mark Prozeßkosten und Schadenersatz gezahlt worden seien, so wird er schwerlich angeben können, wie viel von den 11 000 Mark auf Schadenersatz und wie viel auf Prozeßkosten kommen. Sollten von den 11 000 Mark etwa 10 000 Mark in Prozeßkosten bestanden haben, so wird er mir wohl zugeben, daß dann die gesetzlichen Bestimmungen höchst ungeeignet waren. In der hessischen Kammer hat dies der Regierungsvertreter geltend gemacht und zum Beweis angeführt, daß im benachbarten Rheinhessen, wo bei einem viel größeren Hasenstand damals keine unbeschränkte Ersatzpflicht galt, kaum Hasenschadenprozesse vorgekommen wären. Meine Herren, die Hasenschadenersatzpflicht ruft unbegründete Prozesse hervor. Aus diesem Grunde muß sie beseitigt werden.

Nun fragt es sich: welche wirthschaftlichen Folgen wird die Gesetzesbestimmung, die Sie wollen, haben? Sie hat zunächst volkswirthschaftlich die Folge, daß in einem großem Theil des Deutschen Reichs die Hasenjagd ruinirt wird; das ist ein volkswirthschaftlicher Nachtheil. Es ist zweifellos — das ist wiederum naturwissen= schaftlich und nicht blos juristisch zu begründen —, daß die Hasenjagd die weitaus einträglichste Jagdart ist. Mit ihr geht gleichzeitig ein Stück Volksfreude und Volkspoesie verloren, (Bewegung links.) Wenn angeführt worden ist, es wäre die Jagd blos ein Herrenvergnügen, so ist das durchaus unrichtig. Gerade an dieser Jagd erfreuen sich Bürger und Bauern, Gelehrte und Ungelehrte, Männer des Volkes und Volksvertreter aller Parteien. (Sehr richtig! rechts.)

Welche wirthschaftliche Folgen würde ferner die Gesetzesbestimmung für die Ge= meinden haben? Es ist schon angeführt worden, daß sie ihnen eine wesentliche finanzielle Schädigung zufügen würde, und daß es die kleinen Grundbesitzer, aus denen die Jagdgemeinschaften bestehen, sind, welche benachtheiligt werden.

Was endlich die Baumschulenbesitzer und Obstbaumzüchter anlangt, so sind sie in gewisser Richtung durch die Jagdpolizeigesetzgebung geschützt. (Widerspruch.) — Nach gewisser Richtung hin; ich werde gleich darauf kommen. Zunächst behaupte ich: die Gesetzesbestimmung, welche Ihre Kommission will, ist nicht mehr und nicht weniger wie eine Prämie auf eine achtlose schlechte Wirthschaft. (Sehr richtig! rechts.) Aus diesem Grunde enthält das hessische Wildschadengesetz vom 1. Juni 1895 die Bestimmung, daß für Baumschulen jeder Hasenschadenersatz wegfallen soll. In Be= tracht kommt ferner — das ist der Hauptpunkt des Streits —, daß die Baum= schulenbesitzer und Obstbaumeigenthümer allein im Stande sind, ihre Grundstücke zu schützen. Die Obstbaumeigenthümer erhalten die geringfügigen Kosten des Ein= bindens der Obstbäume mit Stroh im Jagdpachtertrag reichlich ersetzt. Die Ein= friedigung von Baumschulen entspricht — darüber besteht nach der Auffassung, die in den weitesten Volkskreisen herrscht, kein Zweifel — lediglich den Erfordernissen einer ordnungsmäßigen Wirthschaft. Die Einfriedigung der Baumschulen mit Draht verursacht verhältnißmäßig geringe Kosten. Wenn eine Baumschule mit einem Werth von 20 000 bis 30 000 Mark pro Hektar ganz offen und unverwahrt gegen Menschen, Vieh und Wild bleibt, so ist das eine Sorglosigkeit sondergleichen. Weiter kommt in Betracht, daß die Baumschulenbesitzer jagdpolizeilich geschützt sind. Herr Freiherr von Manteuffel hat bereits angeführt, daß sie in den Baumschulen nach dem preußischen Wildschadengesetz jederzeit ohne Lösung eines Jagdscheins das Schadenwild abschießen können, es allerdings auch auf Erfordern dem Jagdberechtigten abliefern müssen. Ferner haben sie, wenn sie dauernd und vollständig eingattern, das vollständige Recht der Jagdausübung und der Wildaneignung. Das genügt! Ich meine, es wäre nicht zulässig, eine Gesetzesbestimmung, deren Abschaffung in Hessen wegen ihrer Unzweckmäßigkeit bewirkt und in Hannover seitens der Provinzialvertretung beschlossen ist, und die unangefochten nur noch in Schaumburg=Lippe besteht, ins bürgerliche Gesetzbuch einzuführen. Das widerspricht allen Grundsätzen der Kodi= fikation, wie sie bis jetzt beobachtet worden sind. (Sehr gut! rechts.)

Was nun die Regreßpflicht betrifft, so werde ich mit Rücksicht auf die bis= herigen Erörterungen ganz kurz sein. Sie bezweckt — das ist von keiner Seite be= stritten — die Ersatzpflicht von den gemeinschaftlichen Jagdbezirken auf die Eigen= jagdbesitzer benachbarter Waldungen abzuwälzen. Die Regreßpflicht gehört zu den= jenigen Dingen, die auf den ersten Blick namentlich die Unkundigen sehr für sich einnehmen, die aber in dem Maße weniger gefallen und schließlich ganz mißfallen, je länger und je genauer man sie kennt. Die Regreßpflicht ist ein legislatorischer Blender. (Heiterkeit. Sehr gut!) Sie verspricht sehr viel, leistet aber nichts. Dafür ist in Hannover der ganz unwiderlegliche Beweis geliefert. Ich habe, um der Sache genau auf den Grund zu gehen, eine ganze Reihe von Sachverständigen abgehört. Uebereinstimmend ist mir mitgetheilt worden: die Regreßpflicht nützt nichts; sie führt bei den Sachverständigen zu Gewissensbedenken. Man hat, um überhaupt eine Entscheidung treffen zu können, den Wildbestand auf die verschiedenen Waldreviere, aus denen möglicherweise das Schadenwild stammen konnte, kontingentirt und hat nach dieser Kontingentirung nach bestem Wissen und Gewissen den Schaden vertheilt, eine Vertheilung, die in direktem Widerspruch mit dem Gesetze steht.

Nun wurde auf den Herrn Abgeordneten Brandenburg — ich glaube von dem Herrn Abgeordneten Gröber — Bezug genommen. Der Herr Abgeordnete Brandenburg hat allerdings in den Verhandlungen des preußischen Landtags über das Wildschadengesetz von 1891 sich dahin geäußert, daß in seinem Amtsbezirk die Regreßpflicht nach keiner Seite hin üble Folgen gehabt habe. Regreßprozesse seien während seiner 25 jährigen Amtswirksamkeit nicht vorgekommen. Die Regreßpflicht habe nach keiner Seite hin Uebelstände herbeigeführt. Aber er fügte hinzu, Schwarzwild oder Rothwild sei dort seit 25 Jahren auch nicht vorgekommen. (Heiterkeit.) Dieser Beweis ist also nicht stichhaltig. (Sehr gut! rechts.) Ich bin also der Meinung und fasse mich dahin zusammen, daß es unzulässig erscheint, ein Recht, welches nur in Hannover und sonst nirgendwo in der Welt besteht, und welches sich in Hannover nicht bewährt hat, dem bürgerlichen Gesetzbuch einzufügen. Das würde wiederum im allerentschiedensten Gegensatze zu den elementarsten Grundsätzen jeder Kodifikation stehen. (Sehr gut! rechts.)

Nun noch ein paar Worte über den allgemeineren Theil der Sache. Es ist von dem Herrn Grafen von Mirbach gegen die Regelung der Wildschadenersatzpflicht im bürgerlichen Gesetzbuch eingewendet worden, daß der enge Zusammenhang zwischen Wildschadenrecht und Jagdrecht sowie die Vielgestaltigkeit des Jagdrechts im Deutschen Reich einer einheitlichen Gestaltung des Wildschadenrechts widerstrebe; Voraussetzung eines einheitlichen Wildschadenrechts sei ein einheitliches Jagdrecht. Dieser Satz kann insoweit als richtig anerkannt werden, als es sich um Einheit in den wesentlichen Grundlagen handelt. Allein diese Einheit braucht in Deutschland nicht erst geschaffen zu werden; sie besteht dort seit beinahe einem halben Jahrhundert. Ueberall in Deutschland, mit alleiniger Ausnahme von Mecklenburg, ist das Jagdrecht zivilrechtlich ein Ausfluß des Grundeigenthums. Ueberall ist kraft öffentlichen Rechts den kleinen Grundbesitzern und den Enklavenbesitzern das Jagdausübungsrecht entzogen; überall sind Jagdzwangsgenossenschaften aus den kleinen Grundbesitzern gebildet. Daß es möglich ist, auf dieser Grundlage ein einheitliches Wildschadenrecht zu errichten, ist nicht nur vom 18. deutschen Juristentag anerkannt, sondern auch durch die Regelung in § 819 des Entwurfs bewiesen, der in dieser Beziehung keine Lücke läßt, nicht eine einzige. Die Schwierigkeiten, welche wegen der abweichenden Grundeigenthumsverhältnisse in Mecklenburg entstehen konnten, sind durch das am 14. Februar 1894 erlassene Wildschadengesetz für Mecklenburg hinweggeräumt.

Meine Herren, die verbündeten Regierungen erachten es im Interesse der Reichseinheit und der ausgleichenden Gerechtigkeit für geboten, festzuhalten an dem § 819 des Entwurfs, an der einheitlichen Regelung des Wildschadenersatzrechts durch das bürgerliche Gesetzbuch; sie legen aber auf der anderen Seite auch den entschiedensten Werth darauf, das bürgerliche Gesetzbuch nicht durch die Ersatzpflicht für Hasenschaden und die Regreßpflicht für Schwarz- und Rothwildschaden mit Vorschriften zu belasten, die wegen ihrer sachlichen Unzweckmäßigkeit und praktischen Undurchführbarkeit die Keime der Lebensunfähigkeit in sich tragen. (Lebhafter Beifall rechts.)

Abgeordneter **von Stein:** Meine Herren, nur ein paar Worte nach alledem, was wir bereits darüber gehört haben.

Prinzipaliter stehen wir auf dem Standpunkt, daß wir sagen, die ganze Materie der Wildschadenregelung solle der Landesgesetzgebung vorbehalten werden. Und nun ist mir eins unerklärlich. In den meisten Ländern des deutschen Vaterlandes ist ja die Wildschadenersatzpflicht bereits gesetzlich geregelt, in einigen Ländern nicht. Warum nicht? — Doch wahrscheinlich deswegen nicht, weil an die verordneten Landesvertretungen Anträge, welche den dortigen örtlichen Verhältnissen entsprechen, nicht herangetreten sind, oder weil die Anträge, welche an sie herangetreten sind, eben den örtlichen Verhältnissen nicht entsprachen.

Nun, meine Herren, die einzelnen Bundesstaaten haben ja einen sehr großen Gemeinsinn, aber immerhin besteht doch in vielen eine große Empfindlichkeit, wenn ihre berechtigten Eigenthümlichkeiten oder gar ihre Reservatrechte auch nur mit einem Wort im unitarischen Sinne gestreift werden. Wollen denn nun die Herren, welche diese Länder hier im Reichstage vertreten, ihre Landesvertretungen dadurch kaltstellen durch die Reichsgesetzgebung, daß sie sie zwingen, Verhältnisse für ihr Land einzuführen, welche die Landesvertretungen nicht für geeignet halten? Ich kann mir das nicht vorstellen und kann mir nicht denken, daß die Herren sich damit den Dank ihrer Landesangehörigen verdienen, den sie doch selbst werth halten.

Nun möchte ich noch einen Punkt hervorheben, den der Herr Abgeordnete Lenzmann hier behandelte. Er hat darüber gesprochen, daß die Regreßpflicht ja in hohem Sinne juristisch zu rechtfertigen sei, während Herr Graf Mirbach anderer Ansicht war. Ich finde, daß nun allerdings vom juristischen Standpunkt aus die Regreßnahme an einen Nachbar durchaus nicht gerechtfertigt werden kann. Ich möchte anknüpfen an eine Bemerkung, die in dem Bericht zu lesen ist. Es ist da ausgesprochen worden, daß derjenige, welcher Wild hegt, auch für den Schaden, welchen sein Wild anrichtet, Ersatz zu leisten habe. Ja, wie lange ist es denn sein Wild? Zunächst läßt die Rechtswissenschaft an dem Wilde, welches in freier Wildbahn lebt, ein Eigenthum überhaupt nicht zu. Das Wild ist bekanntlich res nullius. Wir kennen nur ein Okkupationsrecht, und das Okkupationsrecht steht dem zu, auf dessen Gebiet sich das Wild befindet. Sobald das Wild den Wald, in welchem es seinen Standort hat, verlassen hat, in demselben Augenblick ist das Okkupationsrecht des Waldbesitzers erloschen, und das Okkupationsrecht steht nur demjenigen zu, welcher auf dem Felde, auf dem das Wild sich gerade befindet, jagdberechtigt ist. Es ist also meines Erachtens in der That ein Unding, davon zu sprechen: das Wild des Waldbesitzers richtet Schaden auf dem fremden Felde an. Sobald das Wild auf dem fremden Felde ist, hat allein der dort Jagdberechtigte ein Besitzergreifungsrecht und wird das auch ausüben. Es ist von Herrn Lenzmann sogar der Vergleich mit einer Kuh gemacht worden, welche ihre Nahrung doch dort erhalten müsse, wo sie gemolken werde, und wenn sie sich anderswo ernähre, so müsse für das, was sie dort aufnehme an Nahrungsmitteln, Ersatz geschaffen werden. Das stimmt nicht mit den Feldpolizeiordnungen, welche die Ersatzpflicht feststellen. Es ist dort bestimmt, daß die Thiere, welche auf fremdem Gebiet auftreten, unter keinen Umständen getödtet oder irgendwie beschädigt werden dürfen. Die Thiere sind allerdings Eigenthum dessen, aus dessen Gebiet sie ausgetreten sind. Beim Wild ist das anders. Wenn das Wild auf ein Feld austritt, so hat der Jagdberechtigte dort das Recht, es zu tödten und in seinem Sinne zu verwenden.

Und nun möchte ich noch etwas anführen, was der Herr Abgeordnete Gröber vorhin sagte. Er hat den Waldbesitzern einen recht bösen Vorwurf gemacht, indem er sagte, daß sie dadurch, daß ihr Wild sich außerhalb ihres Waldes ernähre, die bäuerlichen Besitzer ausbeuteten. Ja, meine Herren, wenn Sie die Regreßpflicht einführen, dann wird gerade das Gegentheil der Fall sein. Dann wird nämlich der Feldbesitzer einmal einen hohen Ertrag aus der Verpachtung oder dem Betriebe der Jagd ziehen, und außerdem wird die ganze Unterhaltungspflicht für das Wild dem Nachbarn aufgebürdet, welcher, während das Wild ausgetreten ist, gar kein Recht auf dasselbe hat. Die Ausbeutung würde auf der andern Seite liegen. Sie würden am Schlusse des Jahrhunderts ein Privilegium ohne Gleichen schaffen für die Ackerbesitzer in der Gegend von großen Forsten, Sie würden ein Grundrecht schaffen für dieselben –– und ich glaube, wir können zufrieden sein, daß im Laufe der Jahre die Privilegien und die Grundrechte abgeschafft worden sind. (Sehr gut! rechts.)

Nun möchte ich noch etwas bemerken über die Eingatterung, die von verschiedenen Gesichtspunkten aus hier behandelt worden ist. Es ist auch im Bericht darauf hingewiesen, daß der Regreßparagraph zu großen Eingatterungen führen werde. Meine Herren, Privatbesitzer sind sehr selten reich genug, um Wildgatter einzurichten. Es ist vorhin schon nachgewiesen worden — ich glaube, von Herrn Pauli —, daß die nachbarlichen Feldbesitzer es sogar sehr ungern sehen, wenn Gatter errichtet werden. Ein Freund von mir, der auch lange hier im Hause gesessen hat, hatte ein Gatter errichtet, um zu verhindern, daß die aus seinem Revier austretenden Rehe von den angrenzenden Besitzern geschossen würden. Ja, die Nachbarn erhoben Widerspruch, weil das Gatter einen Verkehrsweg, der durch das Revier ging, — und diese Verhältnisse lassen sich ja nie ganz vermeiden — mit einem Thor schloß; und der Kreisausschuß, vor den die Frage kam, erkannte dahin, daß das Thor in diesem Gatter nicht geschlossen werden dürfe, — und zwar auf Antrag des angrenzenden Feldbesitzers. Das ist das eine. Die großen Herren, welche in der Lage sind, ihre Forsten einzugattern, haben das ja schon in der Regel durchgeführt, und zwar einfach aus dem Grunde, weil sie es verhindern wollen, daß das Wild auswechselt und weggeschossen wird.

Nun kommt ja sehr stark die Frage — darauf ist auch im Bericht hingewiesen — des Staatswaldbesitzes in Betracht. Der Fiskus ist nicht in der Lage, seine Reviere einzugattern. Soweit sie in Anspruch genommen sind als Hofjagdreviere, ist ja dies zum Theil geschehen: wir haben die Rominter Haide in Ostpreußen, die Schorfhaide hier in der Mark Brandenburg; die sind eingegattert. Da wird doch hoffentlich das Hofjagdamt einen entsprechenden Beitrag zu den Kosten geleistet haben. Wenn alle fiskalischen Forsten, in welchen Rothwild vorkommt, immer eingegattert werden sollten, dann würde das einen Kostenaufwand hervorrufen, welcher unbedingt nicht zulässig ist bei dem verhältnißmäßig sehr geringen Ertrag, den die Forsten jetzt schon bringen. Der Herr Landwirthschaftsminister hat ja amtlich bekannt gemacht wegen Heranziehung des fiskalischen Besitzes zu den Gemeindesteuern, daß die

Forsten im Osten, z. B. Ostpreußen, in diesem Jahre 142 Prozent des Grundsteuer-reinertrages erbringen. In Westfalen und am Rhein bringen die Staatsforsten nur einige 70 Prozent des Grundsteuerreinertrages. Wenn da nun noch Kosten auf-gewendet werden sollten, um das Wild einzugattern, so würde doch der preußische Landtag jedenfalls Einspruch erheben und das nicht zulassen; denn der Ertrag würde sonst auf ein sehr geringes Maß beschränkt werden. Also mit der Eingatterung ist es nichts.

Dann, meine Herren, hat der Herr Abgeordnete Gröber noch einen sehr schweren Vorwurf gegen die Waldbesitzer erhoben, er hat gesagt: in der Schonzeit werden sie es ja nicht verhindern, daß das Wild auswechselt, denn da ist es ja sicher; aber wenn die Schußzeit herankommt, werden sie es verhindern, weil sie dann den Schaden davon haben würden. Meine Herren, ich kenne nicht die Wildschongesetze in allen Bundesstaaten, kenne sie aber sehr genau im Königreich Preußen. Da ist denn nun in Verbindung mit dem Wildschadengesetz die Bestimmung getroffen, daß, wenn in einem Gemeindebezirk auch nur zweimal im Jahre Wildschaden festgestellt ist, der Landrath verpflichtet ist, die Schonzeit für das Wild aufzuheben. Also da hängt es nicht von dem Belieben der Behörde, wie Herr Gröber meinte, ab, ob die Schon-zeit aufgehoben wird oder nicht — sie muß aufgehoben werden. Was gerade in dieser Zeit, in den langen Tagen und kurzen Nächten, wo die eigentliche Schonzeit besteht und das Wild ja sehr viel auf die Felder austritt, weggeschossen wird, davon haben wirklich nur die einen Begriff, die in solchen Bezirken wohnen; ich gehöre dazu, ich wohne ganz im Hinterwalde, mir sind diese Verhältnisse genau bekannt.

Außerdem ist nach dem preußischen Wildschadengesetz das Halten von Schwarz-wild nur in Gattern erlaubt; sowie es außerhalb des Gatters vorkommt, kann jeder Grundbesitzer es töten, fangen und zu seinem Nutzen verwenden, ohne einen Jagd-schein zu lösen; er braucht bloß eine Genehmigung vom Landrath — das steht im § 14 des Gesetzes vom 11. Juni 1891.

Also in dieser Beziehung sind bei uns Maßregeln getroffen, die in einer Weise vorbeugend wirken, daß wirklich nicht zu befürchten ist, es werde ein erheblicher Schaden gerade durch das Wild angerichtet, welches aus Forsten auswechselt. Ich sage: ein erheblicher Schaden —, weil ja der Nutzen, den die Jagdberechtigten vom Abschuß des Wildes ziehen, ein sehr hoher ist. Man bekommt hier in der Markthalle für ein Stück Rothwild nach Abzug aller Kosten 50 bis 60 Mark; nun, der Landwirth kann heutzutage, wenn er ein kleines Grundstück bewirthschaftet, lange arbeiten, ehe er diese Summe einnimmt. (Sehr gut! rechts.)

Noch eins! Die große Menge der Prozesse, welche hervorgerufen werden würde durch die Regreßpflicht, würde ja zum großen Theil gegen den Fiskus angestrengt werden. Nun, meine Herren, jedermann hier weiß, daß der Fiskus kostenlos prozessirt. Er wird also im Vergleichswege oder von vornherein niemals einen An-spruch, der an ihn in dieser Richtung herantritt, erfüllen; er wird es jedesmal auf einen Prozeß ankommen lassen und jedesmal den Prozeß durch die Instanzen führen — es kostet ihm ja nichts. Wird nun aber der Kläger entweder ganz abgewiesen oder seine Forderung nur ermäßigt durch das Urtheil, so muß er mindestens einen Theil und, wenn er abgewiesen wird, die ganzen Kosten tragen. Darauf mache ich auf-merksam; der Fiskus ist doch in einer besonders guten Lage. Ich glaube, daß, wenn im Bericht steht, man wolle den Fiskus besonders treffen — na, dazu gehören zwei; ich glaube nicht, daß das gelingen wird. Es wird also nur übrigbleiben, daß die wenigen Privatbesitzer nach dieser Richtung stärker herankommen.

Also, dieser Selbstschutz, von dem ich vorher sprach, der durch das Wildschaden= gesetz, die Aufhebung der Schonzeit u. s. w. ermöglicht ist, wird bei uns in hohem Grade wahrgenommen.

Ich will nur eins erwähnen. Es sind bei uns auf dem Lande viele Leute, die den Feldzug mitgemacht haben; die haben sich dort schon zum Theil allerlei jägerische Neigungen angeeignet. Nun kommt noch hinzu: als wir das neue Gewehr bekamen, den Mehrlader, waren Millionen von Mausergewehren da, welche keine Verwendung fanden, ein großer Theil dieser Gewehre ist für 1,50 Mark das Stück verkauft worden. Sie finden eine große Menge solcher Gewehre in diesen Ortschaften, wo noch Wild vorkommt, und der Selbstschutz wird auf das ausführlichste wahrgenommen.

Ich will mich auf das bisher Gesagte beschränken und nur noch eins erwähnen, und zwar im Namen meiner politischen Freunde: wir sind der Ansicht, daß es sich durchaus nicht mit den Verhältnissen verträgt, wenn die Kommissionsbeschlüsse zu § 819 und der neugeschaffene § 819a angenommen werden; und wir werden nicht dafür einstehen können, daß, falls die Kommissionsbeschlüsse angenommen werden, unsererseits die erforderliche Anzahl von Mitgliedern hier bis zum Schluß der Ver= handlungen gegenwärtig bleibt, (hört! hört!) welche erforderlich ist, um die Geschäfte hier weiter zu führen. (Bravo! rechts.)

Präsident: Ich mache den Herren die Mittheilung, daß zu den zur Diskussion stehenden Paragraphen nicht nur eine namentliche Abstimmung, sondern deren drei beantragt sind.

Das Wort hat der Herr Abgeordnete Rickert.

Abgeordneter **Rickert:** Meine Herren, ich gehe an diesen Platz nicht, um eine längere Rede zu halten (bravo! rechts), — seien Sie doch nicht gleich so un= höflich! Sie können ja damit warten, bis ich Ihnen Grund dazu gegeben habe — sondern weil einige der verehrten Herren oben mir wiederholt in den Zeitungen den Vorwurf gemacht haben, daß ich Ihnen den Rücken zugekehrt hätte.

Die letzte Aeußerung des Herrn Vorredners, meine Herren, ist vielleicht die charakteristischste, die wir in der Debatte gehört haben. Man kann daraus ermessen, welche Stellung die konservative Partei zu dem großen nationalen Werke überhaupt einnimmt. Wenn ihnen in der Wildschadenfrage, die doch, man mag sie so hoch taxiren, wie man will, eine immerhin untergeordnete ist diesem großen Werk gegen= über, nicht der Wille geschieht, dann spielen die Herren nicht mehr mit, (hört! hört!) dann werden sie herausgehen und das Zustandekommen des Werks unmöglich machen. Das wollen wir feststellen, das nennt man nationale Politik! (Sehr gut!) So handeln die Herren, die Andere so leicht der Reichsfeindschaft beschuldigen und den nationalen Gesichtspunkt immer besonders vorbringen.

Im übrigen bin ich dem Herrn Vorredner dankbar dafür, daß er mit solcher Offenheit die Karten enthüllt hat. Wir werden ja auch die Konsequenzen daraus ziehen.

Meine Herren, wir in Preußen kennen ja die Herren schon seit einer Reihe von Jahren; wir haben seit Ende der achtziger Jahre mit ihnen den Kampf geführt. Sie haben uns dort besiegt. (Zuruf.) — Um die Hasen nicht! Sie haben ja von Herrn Gröber schon gehört, warum der Abgeordnete Conrad (Pleß) die Hasen nicht hineingebracht hat: weil er eben so viel zu retten suchte, wie er konnte. Es ist ihm das nicht einmal gelungen; Conrad wäre sonst weiter gegangen. Meine Herren, da Sie gerade Conrad anführen — was hat er gesagt über das Wildschadengesetz von 1891, was Sie (rechts) ja so gnädig waren zu konzediren? — Als dies angenommen werden sollte, sagte Conrad (Pleß):

> Weniger Billigkeits- und weniger Gerechtigkeitsgefühl, wie in diesem Gesetzentwurf niedergelegt ist, kann man sich wohl nicht denken. Der Großgrundbesitzer soll vollständig frei sein, der Forstfiskus, dieser große Sünder (Heiterkeit), ist auch frei. Die Bauern sind heute schon mit Ruthen geschlagen, sie werden mit Skorpionen geschlagen werden durch das neue Gesetz. (Unruhe rechts.)

— Ja, bei Conrad (Pleß) können Sie nicht sagen, daß er kein Bauer war, und daß er die bäuerlichen Verhältnisse nicht kannte. Sie haben ja heute gethan, als ob Sie die Vertreter des Kleingrundbesitzers wären.

Wir legen das Hauptgewicht darauf, daß diese Materie im bürgerlichen Gesetzbuch von Reichswegen geregelt wird. Auch das ist charakteristisch für die rechte Seite des Hauses, daß sie selbst hierbei den Einwand erhebt: nicht Reichs-, sondern Partikulargesetzgebung. Ja, meine Herren, von jener Seite hatten wir einen solchen Einwurf gewiß nicht erwartet. In dieser Beziehung bin ich meinem verehrten Herrn Nachbar zur Rechten sehr dankbar, daß er am Schluß seiner Rede die Nothwendigkeit der reichsgesetzlichen Regelung hervorgehoben hat. Er hat auch völlig triftige Gründe dafür angeführt. Weniger einverstanden kann ich mit dem anderen Theil seiner Ausführungen sein.

Der Herr Oberforstmeister Dr. Danckelmann berief sich auf Mecklenburg; er meinte, daß durch das Gesetz von 1893 die Sache dort in befriedigender Weise gelöst wäre. Ja, meine Herren, für die Ritterschaft, die die Klinke der Gesetzgebung allein in Händen hält, — neben der Bürgerschaft in den Städten — ist die Sache in befriedigender Weise gelöst; kurz vor den Reichstagswahlen hat man damals dieses Gesetz eingebracht und in aller Schleunigkeit gemacht; aber den Effekt, den man vorausgesetzt hat bei der Bauernschaft, hat die Sache doch nicht gehabt. Die mecklenburgische Bauernschaft ist mit dem Wildschadengesetz nicht entfernt in dem Maße zufrieden, wie nach den Aeußerungen des Herrn Oberforstmeisters Dr. Danckelmann angenommen werden müßte.

Meine Herren, ich wiederhole: die Hauptsache ist der erste Paragraph für uns. Allerdings werde ich dabei auch für die Einfügung der Hasen stimmen. Mir ist es nicht recht erfindlich gewesen, warum diese Frage zu einer solchen Dimension aufgebauscht wird. Wenn man sagt: ein Schaden entsteht nicht durch die Hasen — ja, meine Herren, welche Bedenken haben Sie denn, die Hasen einzufügen? Dann wird diese Bestimmung ein todter Buchstabe bleiben, dann wird sie nicht zur Anwendung kommen. Gerade aus der großen Aktion wegen der armen Hasen, die hier gemacht wird, muß ich doch schließen, daß in der That eine Schädigung des Eigenthums eintritt. (Sehr wahr! links.)

Meine Herren, man hat hier die Volksfreude und die Volkspoesie seitens des Herrn Vertreters der verbündeten Regierungen in die Debatte geführt. Gut! Ich gestehe gern zu: die Jagdfrage ist in Deutschland schon seit Hunderten von Jahren auf der Tagesordnung, und es hat Zeiten gegeben — ich erinnere z. B. an die Zeit von 1848 —, wo gerade diese Frage der Angelpunkt einer großen Bewegung gewesen ist. Nun gut — Volksfreude — alle Achtung davor! Volks-

poeſie — noch mehr Achtung davor! Ich habe aber noch mehr Respekt vor dem
Eigenthum und vor der Nothwendigkeit, ſtaatlicherſeits das Eigenthum und die
Achtung vor dem Eigenthum unverſehrt zu erhalten, daß dieſe Frage für mich in
den Vordergrund geſtellt werden muß. Es iſt mir eigentlich unerfindlich, wie diejenigen Herren, die bei der Berathung des Feld- und Forſtpolizeigeſetzes in Preußen
einen ſo großen Respekt vor dem Eigenthum zeigten, daß ſie eine Schädigung des-
ſelben in dem Betreten der Forſt ohne Erlaubniß und noch mehr bei dem Beeren-
und Pilzeparagraphen gefunden haben (ſehr gut links), hier, wo die Schädigung
des Eigenthums ſo klar auf der Hand liegt, nicht einmal einen ſolchen Zuſatz machen
wollen. Nein, meine Herren, weil ich Achtung vor dem Eigenthum habe — und
wir freuen uns, daß wir dieſe Herren (die Sozialdemokraten) hierbei als Bundes-
genoſſen haben — (Heiterkeit), werde ich mich auch für die Kommiſſionsvorſchläge
erklären.

Meine Herren, der Herr Landwirthſchaftsminiſter, dem ich übrigens ſeinen
heutigen Sieg gönne, — es war eine gewiſſe wohlthuende Temperatur, die im
Hauſe herrſchte, als die Rechte, die den landwirthſchaftlichen Herrn Miniſter bei
früherer Gelegenheit ſo ſehr ſchlecht behandelt hat, heute aus vollem Herzen „bravo"!
rief; Sie verſöhnen ſich vielleicht noch einmal — (Zuruf) — ja, die Haſen haben
allerdings ſehr viel dazu gethan — der Herr Landwirthſchaftsminiſter hat erklärt, daß
es ſich hier um „einen erheblichen Theil des Nationalvermögens" handelt. Ja,
meine Herren, ich hätte doch gewünſcht, der Herr Landwirthſchaftsminiſter hätte uns
einmal ein paar Zahlen gebracht. Die „Kölniſche Zeitung" hat 1891, als wir den
Conradſchen Geſetzentwurf im preußiſchen Abgeordnetenhauſe beriethen, eine Taxe
aufgemacht und damals ſehr hoch taxirt — wir haben ihr die Rechnung nicht wollen
zu nichte machen, da iſt ſie auf etwa $11^1/_2$ Millionen gekommen, welche Summe den
Nutzen repräſentirt, den Preußen von dem Wild habe. Das ſoll ein erheblicher
Theil des Nationalvermögens ſein! Der Schaden aber, den das Wild anrichtet —
wenn ich den taxiren wollte, glaubt der Herr Landwirthſchaftsminiſter für Preußen
nicht, daß der viel höher in Gegenrechnung kommen würde? Alſo laſſen Sie doch
dieſe Rechnung wenigſtens aus dem Spiel! Ich behaupte — und glaube, das kann
man volkswirthſchaftlich ziffernmäßig nachweiſen —, daß vom Standpunkt der Betrachtung des Nationalvermögens die Jagdfrage keine ſolche Bedeutung hat.

Für mich ſtehen andere Dinge in Frage: ich wiederhole es: erſtens die reichs-
geſetzliche Regelung. Wir wollen nicht, daß die Partikularſtaaten dieſe Dinge
machen. Wir haben in dem Einführungsgeſetz leider ſchon viel zu viel Ausnahmen.
Es liegt gar kein Grund vor, noch eine zu machen. Zweitens iſt es die Achtung vor
dem Eigenthum. Deshalb will ich den Grundſatz in das Geſetz bringen, daß jede
Schädigung des Eigenthums auch den Schadenerſatz im Gefolge habe. (Bravo! links.)

Abgeordneter Dr. **Lieber** (Montabaur): Meine Herren, der Herr Abgeordnete
Rickert hat an die Erklärung, welche der Herr Abgeordnete von Stein namens ſeiner
politiſchen Freunde abgegeben hat, eine ſehr mißfällige Kritik geknüpft. Ich kann
freilich nicht ſagen, daß ich jene Erklärung ſonderlich bewundere. (Heiterkeit.) Aber
ich muß doch als gerechter Beobachter in der Mitte des Hauſes ſagen: böſe Beiſpiele
verderben gute Sitten. In der Nähe des Herrn Abgeordneten Rickert ſitzen Herren,
die in der vorigen Woche alles aufgeboten, um das Zuſtandekommen des bürgerlichen
Geſetzbuchs zu verhindern, bloß darum, weil die Verabſchiedung deſſelben nicht ihren
Wünſchen nach auf eine ſpätere Zeit verſchoben werden ſollte. Wir unſererſeits

tragen der gegebenen Thatsache Rechnung, daß die Herren von der Rechten einen so hohen Werth, wie Herr von Stein namens seiner politischen Freunde ausgesprochen hat, auf diese Bestimmung legen. Von Hause aus selbst zu großen Opfern bereit und in der Kommission große Opfer bringend, um, soviel auf uns ankommt, das bürgerliche Gesetzbuch zu Stande zu bringen, müssen wir ernstlich in die Erwägung auch der Frage treten (Zuruf links; Heiterkeit), ob wir das bürgerliche Gesetzbuch an den Hasen und dem Wildschadenregresse scheitern lassen dürfen. (Zurufe.) Allerdings befinden wir uns dabei in einer wenig erfreulichen Zwangslage. Auf der einen Seite lassen die Herren von der linken uns weithin im Stiche, wenn es sich darum handelt, das bürgerliche Gesetzbuch jetzt und vielleicht überhaupt zu verabschieden (sehr richtig! rechts); auf der anderen Seite erklären zahlreiche Herren von der Rechten, daß es ihnen bedenklich erscheine, mitzuhelfen, das bürgerliche Gesetzbuch mit diesen Bestimmungen zu Stande zu bringen. (Hört! hört! links.) Wem das bürgerliche Gesetzbuch über Hasenschaden und Wildschadenregreß geht, der wird schließlich zu der Entscheidung kommen, daß er dann doch lieber den Herren von der Rechten entgegenkommt und dadurch deren Mitwirkung an dem großen Werk sich sichert (aha! links), als daß er die Hoffnungen des Herrn Lenzmann befriedigt, um nachher von ihm und seinen Getreuen im Stich gelassen zu werden. (Sehr gut! rechts.)

Die Ausführungen meines Freundes Gröber zeigen, ein wie schweres Opfer wir bringen, wenn wir in solche Erwägungen eintreten und zu dieser Entschließung kommen. Aber Herr Lenzmann hat aus den Worten meines Freundes doch wieder einmal das gehört, was ihm paßte, aber den Schluß, auf den die ganzen Ausführungen des Herrn Gröber hinzielten, einfach überhört. (Sehr richtig! rechts.) Herr Gröber hat geschlossen mit der Bitte, wenn möglich, den Fortschritt gegen den Entwurf zu machen, auch die Hasen und Fasanen schadenersatzpflichtig zu erklären und auch den Rückgriff wegen des Wildschadens von Schwarz- und Rothwild ins bürgerliche Gesetzbuch aufzunehmen; aber er hat nicht unterlassen, ausdrücklich hinzuzufügen: wenn aber nicht diesen Fortschritt, dann wenigstens keinen Rückschritt gegen die Regierungsvorlage. (Sehr richtig! rechts.)

Nun, meine Herren, ganz in der Richtung dieser Bitte meines Freundes Gröber verhalten wir uns, wenn wir angesichts der Zwangslage, die ich geschildert habe, nunmehr zwar bereit sind, den Hasen — nicht auch den Fasan — aus dem § 819 wieder zu streichen und den § 819a schwinden zu lassen, aber niemals die Hand dazu bieten können, daß die ganze Wildschadenfrage und deren reichsrechtliche Regelung wenigstens in dem Umfang des Entwurfs aus dem bürgerlichen Gesetzbuch wieder beseitigt werde. Den Rückschritt können wir, wie gesagt, nicht mitmachen, wenn wir auch auf den Fortschritt der Kommission — mit Ausnahme der Fasanen — im Interesse des Zustandekommens des Gesetzes, wie ich wiederholt betone, und mit schwerem Herzen verzichten. (Große Heiterkeit links.) — Ja, meine Herren, wer in so geringer Zahl hier ist (sehr richtig! aus der Mitte; Zuruf links), daß es auf seine Stimme nicht ankommt, der kann leicht in solcher Lage lachen. Wer aber die Verantwortung trägt für Scheitern oder Zustandekommen dieses großen Gesetzwerks, der muß ernster mit sich zu Rathe gehen. (Zuruf links.)

Nun, meine Herren, kann ich ja zu meiner großen Befriedigung dem, was ich bisher gesagt, hinzufügen, daß eine erhebliche Anzahl meiner politischen Freunde von Hause aus und bis jetzt auf dem Standpunkt stand und steht, es sei die Einschiebung der Kommiſſion aus den verſchiedenen Gründen, die aus dem Hauſe und von Seiten der verbündeten Regierungen heute dagegen vorgebracht worden ſind, nicht aufrecht zu erhalten. (Hört! hört!) Dieſen Freunden thun wir ebenfalls einen Dienſt, indem wir ihnen ſo weit entgegenkommen, daß wir die Haſen und die Regreßpflicht, wie ſie in der Kommiſſion in das Geſetz gekommen ſind, hier im Plenum wieder aus demſelben herauszuſtreichen die Hand bieten. Ich kann auch für meine Perſon ganz offen bekennen — und ich darf das entſprechend der Aufgabe parlamentariſcher Verhandlungen — ich kann für meine Perſon offen be- kennen, daß die Ausführungen ſowohl des preußiſchen Herrn Landwirthſchafts- miniſters Freiherrn von Hammerſtein als die Ausführungen des preußiſchen Herrn Oberforſtmeiſters Danckelmann doch Eindruck auf mich gemacht haben (ſehr richtig! rechts; Zuruf und Heiterkeit links), wenn ich auch mit Herrn Rickert den Erwägungen der „Volksfreude" und „Volkspoeſie", die der letztgenannte geehrte Herr hier vor- getragen hat, außerordentlich kühl gegenüberſtehe. Die naturgeſchichtlichen Dar- legungen des Herrn Oberforſtmeiſters aber (Heiterkeit links) und die durchaus dem praktiſchen Leben entnommenen Darlegungen des Herrn preußiſchen Landwirthſchafts- miniſters, dem zu allem übrigen ſeine Erfahrungen aus Hannover, auf die er ſich ausdrücklich berufen hat, zur Seite ſtehen (ſehr richtig! rechts), ſind nicht eindrucks- los an mir und, wie ich weiß, auch einem Theil meiner Freunde vorübergegangen, und ſo iſt es uns leichter möglich, das ſchwere Opfer zu bringen, welches ich im Namen der großen Mehrheit meiner Freunde uns bereit erklärt habe zu bringen.

Auf die Vorbehalte des Einführungsgeſetzes in Bezug auf die Fortgeltung der Landesgeſetzgebung komme ich im einzelnen nicht zurück; auch in dieſen Vorbehalten liegt ja eine weſentliche Erleichterung der Preisgabe des Haſen und des Regreſſes im Geſetzbuch. Es liegt auch zweifellos nicht in der Abſicht der Herren von der Rechten, und nicht in der Abſicht der verbündeten Regierungen, wenn der § 819a aus dem Geſetz ausſcheidet, dann nicht die Nr. 7 des Art. 69 des Einführungs- geſetzes wiederherzuſtellen, die in der Kommiſſion nur geſtrichen worden iſt, weil in das bürgerliche Geſetzbuch der § 819a gekommen iſt. Wir ſetzen als beſtimmt vor- aus, daß die Herren von der Rechten mit uns dem Antrag Spahn auf Nr. 489 der Druckſachen zuſtimmen werden, daß dieſe Nr. 7 des Einführungsgeſetzes wieder- hergeſtellt werde. Und nun, meine Herren von der Linken, lachen Sie weiter, führen Sie Ihre Kritik gegen uns weiter fort! — wir thun, was ich erklärt habe, in dem Bewußtſein, auch damit das nationale Werk zu fördern. (Lebhaftes Bravo in der Mitte und rechts. Große Heiterkeit links.)

Abgeordneter Dr. **von Bennigſen:** Meine Herren, ich halte mich verpflichtet, einer Aeußerung des Herrn Abgeordneten Lenzmann entgegenzutreten, als derſelbe ſich dahin ausſprach, daß die hannoverſchen Bauern, ſpeziell diejenigen, welche Mit- glieder des Kreistags und Provinziallandtags ſeien, bei Berathungen und Beſchluß- faſſungen über derartige Gegenſtände als Kreaturen der Großgrundbeſitzer figuriren. Meine Herren, der Herr Abgeordnete Lenzmann muß wirklich mit den hannoverſchen Verhältniſſen ſehr unbekannt ſein. (Sehr richtig! rechts.) Der hannoverſche, der niederſächſiſche Bauer zeichnet ſich durch große Ruhe, Feſtigkeit und Selbſtständig- keit aus und iſt ſehr wenig geeignet dazu, ſich von irgend einer öffentlichen Gewalt oder Geſellſchaftsklaſſe als Kreatur verwenden zu laſſen. (Sehr richtig!) Außerdem würde das ein ſehr unnatürliches Verhältniß in Hannover ſein. Bekanntlich, Herr Abgeordneter Lenzmann, ſind die Grundeigenthumsverhältniſſe in Hannover ganz anders, ich möchte sagen: weit glücklicher, geartet als in vielen Theilen unseres Vaterlandes. In Hannover besitzt der Bauer mehr als 80 Prozent — ich wiederhole: mehr als 80 Prozent — des kultivirten Grund und Bodens (hört! hört!), während die Rittergutsbesitzer nur 6 Prozent des kultivirten Bodens besitzen. Unter solchen Verhältnissen ist es sehr begreiflich, daß die Zahl der Großgrundbesitzer in den Kreistagen und Provinziallandtagen eine verhältnißmäßig sehr kleine ist, und von einem Abhängigkeitsgefühl oder von einer Abhängigkeit in facto ist bei den Bauern gegenüber den Großgrundbesitzern niemals die Rede gewesen. (Sehr richtig!)

So viel zur Berichtigung der ungewöhnlich unrichtigen Auffassung der hannoverschen Verhältnisse in den Worten des Herrn Abgeordneten Lenzmann. (Heiterkeit.)

Wenn ich noch einige Bemerkungen nach einer so langen Diskussion über Wildschaden mache, so bin ich, insofern auch abweichend von dem Herrn Landwirthschaftsminister, der Meinung, daß es sehr wesentlich die historischen Verhältnisse waren, wie sie sich in Deutschland entwickelt haben seit langer Zeit, die in dem bürgerlichen Gesetzbuch die Grundsätze über den Ersatz des Wildschadens zur Aufnahme brachten. Ich vermag auch nicht anzuerkennen, daß hier ausnahmsweise öffentliches Recht in das Gesetzbuch über Privatrecht hereingezogen ist; denn in der Begrenzung, wie hier das Jagdrecht erscheint, wie der Wildschaden aufgenommen worden ist in das Gesetzbuch, handelt es sich um privatrechtliche Bestimmungen. (Sehr richtig!) Es handelt sich um den Schutz des Eigenthums, um die Beschädigung, die dem Eigenthümer zugefügt ist, und um den Ersatz, der ihm dafür zu leisten ist, und in dem § 819 sind die Bestimmungen auch nur in dieser Begrenzung getroffen. Es ist der Satz aufgestellt, daß Wildschaden überhaupt ersetzt werden soll; es ist gesagt, wer ersatzpflichtig ist; es sind zugleich die Wildarten aufgeführt, von denen man als zweifellos annimmt, daß sie wesentlichen Schaden verursachen. In dieser Beschränkung liegt meiner Meinung nach eine Bestimmung ganz überwiegend privatrechtlichen Charakters. Daneben sind in dem Einführungsgesetz ausdrücklich weitere Vorschriften der Landesgesetzgebung für jetzt und künftig vorbehalten, die sich auf Verwaltung, auf Polizei und das öffentliche Recht in dem Jagdwesen beziehen. Insofern ist meiner Ansicht nach eine ganz natürliche Scheidung erfolgt; und wenn man also diesen Theil hinsichtlich des Wildschadens in das bürgerliche Gesetzbuch aufgenommen hat, so, glaube ich, entspricht das einem durchaus berechtigten Verlangen, angesichts der großen Bewegung und Aufregung, die in den verschiedensten Zeiten, in ruhigen, in gewöhnlichen Zeiten, vor allem aber in Zeiten ungewöhnlicher Bewegung in Deutschland gerade das ganze Jagdwesen und der Schaden, der durch das Wild verursacht wird, in weitesten Kreisen der Bevölkerung hervorgerufen haben. Meine Herren, nicht etwa bloß in den Zeiten der Bauernkriege, sondern auch im Jahre 1848 hat allerdings der Wildschaden eine sehr große Rolle gespielt, ja, ich möchte sagen, eine viel größere, als es der Natur der Sache entsprach, weil diese Frage die Gemüther sehr bewegt und große Massen in ihren Anschauungen und in ihren großen und kleinen Verhältnissen betrifft.

Wenn wir nun also jetzt, wo ruhigere Zeiten wieder eingekehrt sind, wo wir bereits ein öffentliches Recht und ein Privatrecht für ganz Deutschland im weitesten Umfange besitzen, — wenn wir an die Kodifikation des Privatrechts gehen, müssen meiner Meinung nach solche historischen Vorkommnisse und Anforderungen auch im Gesetzbuch berücksichtigt werden; und ich lege deshalb gerade so wie der Herr Vorredner und meine Freunde entscheidenden Werth darauf, daß die Vorlage, in welcher der Grundſatz des Erſatzes des Wildſchadens beſtimmt iſt in der von mir bezeichneten Begrenzung, auch aufrecht erhalten wird durch die Beſchlüſſe des Reichstags.

Nun hat die Kommiſſion zwei Einzelheiten hinzugefügt, von denen anerkannt werden muß, daß mit für und gegen hier viel gekämpft werden kann. Es handelt ſich dabei immerhin um Dinge von einer gewiſſen Bedeutung. Auf der anderen Seite kann man Zweifel haben, und ich ſage: die Einzelheiten, welche die Kommiſſion ausgenommen hat, mag man für mehr oder weniger erheblich anſehen, aber eine ſo große Bedeutung haben ſie doch unter keinen Umſtänden, daß von ihnen das Schickſal des Geſetzes abhängen kann. (Bewegung bei den Sozialdemokraten.) — Ich mache ja keiner Partei im Hauſe einen Vorwurf, ich ſage von meinem ſubjektiven Standpunkt aus: dieſe Dinge mögen mehr oder weniger Werth haben, aber ſie ſind doch verſchwindend in ihrer Bedeutung gegenüber dem ganzen großen Gute, welches ein gemeinſchaftliches bürgerliches Geſetzbuch für eine Nation enthält.

Meine Herren, was die Sache ſelbſt anbelangt, wenn Sie mir noch zwei Worte geſtatten wollen, — was die Frage zunächſt des Regreſſes betrifft, ſo kann ich mich dem Eindruck nicht entziehen — ich glaube, daß er auch zum Theil in der Preſſe zum Vorſchein gekommen iſt bei der Beſprechung der Kommiſſionsbeſchlüſſe —, daß dabei Mißverſtändniſſe untergelaufen ſind. Bei der Frage des Regreſſes, wie ſie im § 819a von der Kommiſſion formulirt iſt, handelt es ſich in keiner Weiſe um die Entſchädigung. Dieſe Frage iſt ganz unabhängig davon. Der Wildſchaden, der den einzelnen Bauern oder kleinen Beſitzern zugefügt iſt oder meinetwegen auch einem großen Beſitzer, wird ja unter allen Umſtänden vergütet, mag dieſe Beſtimmung im § 819a aufgenommen werden oder nicht; das iſt davon vollſtändig unabhängig.

Die Frage der Entſchädigung ſelbſt, das Maß des Schadens, ja ſogar die Frage, wer zunächſt Erſatz zu leiſten hat, alles das iſt von dem § 819a ganz unabhängig. Hier iſt vielmehr nur eine andere Frage hereingezogen, ob nicht aus gewiſſen Gründen es billig und gerecht erſcheinen mag, daß derjenige, welcher zum Erſatz verpflichtet iſt, durch eine ſolche Hinzufügung nun ſich ſozuſagen ſchadlos halten kann an jemandem, der vielleicht für den Wildſchaden aus höheren Gerechtigkeitsgründen aufkommen muß.

Meine Herren, das iſt eine Frage, die mag eine gewiſſe Bedeutung haben zwiſchen dem Erſatzpflichtigen und dem Eigenthümer der Waldung oder des Grundſtücks, in denen das Schwarz- und Rothwild ſich als Standwild aufhält; aber die Frage, auf die mit Recht ſo großer Werth gelegt wird von anderen Seiten des Reichstags, daß unter allen Umſtänden genügender Erſatz geleiſtet wird, — dieſe Frage iſt davon nicht abhängig, und deshalb kann der § 819a eine große Bedeutung nicht beanſpruchen.

Es kommt noch hinzu, was aus den hannöverſchen Verhältniſſen klar nachgewieſen iſt und von Herrn Oberforſtmeiſter Danckelmann mit Recht hervorgehoben wurde, daß die praktiſche Anwendbarkeit dieſer Beſtimmungen eine ſehr geringe iſt. Alſo ich muß ſagen, nehmen wir die Beſtimmungen auf oder nicht, das iſt etwas durchaus Untergeordnetes. (Zuruf von den Sozialdemokraten.)

Wenn nun alſo in dieſem Hauſe von konſervativer Seite ſehr großer Werth darauf gelegt wird, daß dieſe Beſtimmung nicht aufgenommen wird, ſo iſt es offenbar nicht nothwendig, hartnäckig an derſelben feſtzuhalten (Zuruf von den Sozialdemokraten), wenn nicht dieſe Beſtimmung eine große praktiſche Bedeutung hat — und das kann nicht ernſtlich behauptet werden. Meine Herren, es iſt ja hier nachgewieſen, daß, abgesehen von Hannover, eine solche Vorschrift bislang weder in noch außerhalb Deutschlands besteht. Nun bin ich gewiß sehr geneigt, die Meinung zu vertreten, daß wir in Hannover von Alters her gute Vorschriften in der Gesetzgebung besessen haben. Aber ich bin nicht so eingebildet, daß jede hannoversche Bestimmung, einerlei, welcher Art sie ist, als Muster von uns aufgestellt wird. In Hannover haben wir allerdings auf großen Gebieten z. B. in unserer Strafprozeßordnung und Zivilprozeßordnung ein Muster geliefert, welches jetzt noch in hohem Maße für das Reich gilt. Aber ob diese Bestimmungen des Wildschadenregresses oder ähnliche untergeordneter Natur eingeführt werden, die sich in Hannover garnicht einmal bewährt, vielmehr zu ärgerlichen Prozessen geführt haben, das ist selbst für einen Hannoveraner von äußerst geringer Bedeutung.

Was nun den Hasenschaden betrifft, so habe ich mir gestattet, in der Kommission zu sagen — ich bin selbst seit langer Zeit Jagdeigenthümer und Jagdpächter —, daß mir noch nie ein Fall vorgekommmen ist, daß mir gegenüber jemand — ich stehe mit meinen Nachbarn und den dortigen Anwohnern in sehr gutem Verhältniß — sich deshalb beklagt hat. Ich will gar nicht bestreiten, daß hier und da unter ganz besonderen Verhältnissen ein Hase einmal Schaden, vielleicht auch nicht unbedeutenden, zufügen kann; im großen und ganzen ist er aber ein ziemlich harmloses Thier. (Heiterkeit.) Und wenn die Herren von der linken Seite von den großen Bewegungen gesprochen haben, von der Zeit des Bauernkriegs und der revolutionären Erregung des Jahres 1848, so möchte ich bitten, daß sie mir einmal urkundlich oder dokumentarisch den Beweis führen, daß gerade der Hasenschaden irgendwie, nur zum geringsten Grad eine Rolle in dieser Bewegung gespielt habe. Einstweilen muß ich das bestreiten. Damals handelte es sich um den Schaden, den Schwarz- und Rothwild, den das Damwild, meinetwegen auch das Rehwild, anrichtete. Der Hase ist aber auf der Bildfläche in dieser Verbindung damals noch nicht entdeckt worden (Heiterkeit), das ist ganz neueren Datums. Ich sage: wenn das jedenfalls keine allgemeine Kalamität ist, wenn man in den einzelnen Fällen und unter bestimmten Voraussetzungen von Hasenschaden, welche ich auch für meine Person nicht bestreiten will, mit Vorsichtsmaßregeln und -Einrichtungen helfen kann, weßhalb sollen wir uns mit dieser Frage eine neue Schwierigkeit im Gesetz machen? Ich sage: wollen wir überhaupt das bürgerliche Gesetzbuch zu Stande bringen, so müssen wir von allen Seiten gegenseitig mit einer gewissen Schonung gegen einander vorgehen, und untergeordnete Dinge dürfen keine Rolle soweit spielen, daß dadurch die Hauptsache nicht zu Stande kommt.

Abgeordneter Dr. **von Dziembowski-Pomian**: Meine Herren, mit Rücksicht auf das besondere Interesse, das dem jagdbaren Wilde jetzt, obwohl wir Schonzeit haben, entgegengebracht wird, kann ich nicht umhin, einige kurze Bemerkungen zu machen, um die Stellung meiner politischen Freunde zu dieser Frage zu kennzeichnen.

Wir werden dafür eintreten, die Worte „durch Hasen" zu streichen. Wir sind davon ausgegangen, daß von allen Seiten nichts weiter den Hasen vorgeworfen werden kann als ein Schaden, der nicht besonders erheblich ist. Bezüglich des nicht erheblichen Schadens giebt das Gesetz grundsätzlich — nach dieser Richtung hin bin ich als Jurist anderer Ansicht als Kollege Lenzmann — keine Ersatzpflicht. Das Gesetz stellt sich bei dieser Frage auf den Standpunkt: ist der Schaden, der dem Eigenthümer des Grundstücks zugefügt wird, — ein unerheblicher, so wird — das beweist der § 819 der Vorlage — kein Ersatz geleistet. Dort wird ausdrücklich gesagt:

wenn einem Grundstück durch bezügliche Anlage ein unwesentlicher Schaden zugefügt wird, so wird dafür kein Ersatz geleistet. Meine Herren, wenn aber industrielle Etablissements ruhig den anderen Grundstücken Schaden ohne Ersatzpflicht zufügen können, so wäre es ungerecht, wenn man eine Schadenersatzpflicht statuiren wollte für den unerheblichen Schaden, den Hasen veranlassen. Sie würden damit dem kleinen Mann keinen besonderen Dienst erweisen; denn einerseits wollen Sie ihm die Erträge aus der Jagdpacht vermindern, andererseits aber — das ist eine Erfahrung, die wir ja bei unseren Bauern tagtäglich machen — ihn zum Prozessiren veranlassen. Denken Sie sich nun in praxi einen solchen Prozeß. Der Schaden, den bei einem Grundstück von 20 Morgen ein oder zwei Hasen, die sich dort befinden, mögen verursachen, wird nicht größer sein als 2 bis 4 Mark. Nun klagt der Bauer 4 Mark ein. Es wird an Ort und Stelle eine große Beweisaufnahme darüber stattfinden, die kolossale Kosten verursacht, die in gar keinem Verhältniß zum Objekt stehen. Die Sache wird sich folgendermaßen gestalten: Prozeßkosten 100 Mark, Objekt 4 Mark! Der Bauer gewinnt den Prozeß zu zwei Dritteln und bekommt ein Drittel der Kosten. Das finanzielle Ergebniß dieses besonderen Schutzes können Sie natürlich sich selbst ausrechnen! (Heiterkeit.) Wenn aber der Bauer auch den ganzen Prozeß gewinnt, so macht er kein gutes Geschäft: das viele Gehen zum Rechtsanwalt, zum Termin, die Zeitversäumniß sind ein viel erheblicherer Verlust als die paar Pfennig Schaden durch die Hasen.

Das sind die praktischen Erwägungen, die uns leiten. Wir treten ebenso warm für den armen Mann ein, wollen ihn aber wirklich schützen und wollen ihn nicht in solche Wege treiben, wo er nicht zu seinem Gelde kommt, sondern sich nur noch größeren Schaden verursacht.

Meine Herren, ich wollte nur nach eine einzige Frage hier berühren und nach dieser Richtung vielleicht eine kurze Erklärung seitens des Bundesraths provoziren. Wie die Herren sehen werden, bezieht sich der § 819 bloß auf diejenigen Verhältnisse, wo dem Eigenthümer das Jagdrecht nicht zusteht. Nun giebt es eine besondere Gruppe von Fällen, die doch einigermaßen des Schutzes bedürftig sind, und ich entspreche hier einer Anregung aus meinem Wahlkreise. Der Fall kommt nämlich sehr oft vor, daß große Gutskomplexe verpachtet werden, und der Eigenthümer sich selbst die Jagd vorbehält. Nun ist es vorgekommen, daß in einem großen Gutskomplex gerade in meinem Wahlbezirk der Eigenthümer von dem Jagdrecht 8 Jahre lang keinen Gebrauch gemacht hat. Das Wild hat jetzt, während es früher einen normalen Stand hatte, einen überaus hohen Stand erreicht, sodaß der Pächter in der That dadurch, daß dieser Wildstand sich so erheblich vermehrt hat, wie das ja anders auch beim vollständigen Ruhen der Jagd während der 8 Jahre nicht anders kommen konnte, einen ganz erheblichen Schaden hat.

Meine Herren, ich glaube, wenn kein Widerspruch aus dem Hause oder seitens des Bundesraths erfolgt, annehmen zu können, daß die beschädigten Pächter sich beruhigen können; denn es wird ihnen auf andere Weise geholfen. Nach dem Pachtvertrage haben sie das uti frui zu beanspruchen; wird es ihnen verkümmert und dadurch eingeschränkt, daß der Wildstand erheblich vergrößert wird, als er zur Zeit des Pachtabschlusses war, nun so können sie nach Maßgabe des Pachtvertrages vorgehen und ex contractu Schadenersatz verlangen. Meine Herren, wenn kein Widerspruch erfolgt, werde ich annehmen dürfen, daß meine juristischen Ausführungen gebilligt worden sind. (Sehr richtig!)

Abgeordneter Freiherr **von Stumm-Halberg:** Meine Herren, meine politischen Freunde werden von der Ablehnung oder Annahme der hier vorliegenden Anträge die weitere Mitarbeit an dem bürgerlichen Gesetzbuch nicht abhängig machen und bringen beide Fragen nicht miteinander in Verbindung. (Bravo!) Nichtsdestoweniger legen aber auch wir einen großen Werth darauf, daß wenigstens die Hasen und die Regreßfrage aus dem Gesetz herauskommen, und wir verstehen vollständig, daß die Herren von der deutschkonservativen Partei einen noch größeren Werth auf die Sache legen. Die Herren, welche vorhin den Herrn Abgeordneten von Bennigsen so laut unterbrochen haben, sind sehr im Unrecht, wenn sie den Herren von meiner Nachbarfraktion dabei egoistische und überhaupt materielle Motive untergelegt haben. Nein, meine Herren, so liegt die Sache nicht; die Herren fürchten nicht einen materiellen Schaden, der ihnen durch die Entschädigungspflicht für Hasenschaden etwa zugefügt werden könnte, sondern sie fürchten die Aufregung, die beständige Agitation, die unter die kleinen Leute getragen wird, die Chikanen, die daraus entstehen müssen, und die politischen Nachtheile, die dadurch nothwendig hervorgerufen werden, daß hier wieder ein neues Motiv zur Unzufriedenheit in die Massen hineingeworfen wird. (Sehr richtig! rechts.) Das, meine Herren, ist das Motiv der Herren von meiner Nachbarfraktion, und ich halte es für ein durchaus berechtigtes, wenn ich auch in den Konsequenzen nicht so weit gehe, wie das die Herren gethan haben.

Meine Herren, auf die Sache selbst will ich nicht näher eingehen, nachdem der Herr Landwirthschaftsminister und der Herr Landforstmeister Danckelmann dieselbe so klargestellt haben, daß sachliche Gründe dagegen nicht mehr vorgebracht werden können. Und nachdem der Herr Abgeordnete Dr. Lieber im Namen seiner Fraktion seine Bereitwilligkeit erklärt hat, die beiden streitigen Punkte, welche die Kommission in den Entwurf hineingebracht hat, daraus wieder zu entfernen, halte ich es nicht nothwendig, daß ich dem noch ein Wort hinzufüge.

Dagegen muß ich auf das entschiedenste dagegen protestiren, daß uns hier auf der rechten Seite, die wir den Antrag gestellt haben, die beiden Paragraphen ganz zu streichen, imputirt wird, als ob wir Gegner des Wildschadenersatzes wären. (Sehr richtig! rechts.) Meine Herren, das ist vollständig widersinnig. Wodurch unterscheidet sich denn unser Antrag von den Anträgen der Kommission, wenn Sie die beiden streitigen Punkte entfernt haben? — doch nur dadurch, ob dasjenige, was in Preußen rechtens ist, was in Preußen auch rechtens bleiben soll, auf ganz Deutschland ausgedehnt wird oder nicht. Wir, sowohl Graf Mirbach wie der Abgeordnete Pauli und ich, sind sämmtlich Preußen; wir bleiben also, da wir die landesgesetzlichen Bestimmungen aufrecht erhalten wollen, ob Sie unsere prinzipiellen Anträge annehmen oder nicht, ganz genau auf demselben Rechtsstandpunkt stehen, auf dem wir bisher gestanden haben. Wenn wir trotzdem unsere Anträge in erster Linie aufrecht erhalten, so kann uns dazu nur ein *prinzipielles* Motiv leiten.

Wir sind allerdings nach wie vor der Ansicht, daß es richtiger wäre, wenn man diese ganze Frage des Wildschadenersatzes aus dem bürgerlichen Gesetzbuch herausließe. Ich will mich hier auf juristische Tüfteleien nicht einlassen; das kann aber niemand von Ihnen leugnen, daß die Wildschadenfrage mit den Schongesetzen und einer ganzen Anzahl von jagdpolizeilichen Bestimmungen auf das engste zusammenhängt. Nehmen Sie z. B. die bayerische Rheinpfalz. Dort ist es verboten, weibliches Rehwild überhaupt abzuschießen. Es kann nur abgeschossen werden, wenn die Forstbehörde ausnahmsweise und ziffermäßig bestimmt, was abgeschossen werden soll. Diese Erlaubniß wird meines Wissens dem Feldjagdbesitzer niemals gegeben, dem Waldbesitzer nur in seltenen Fällen. Nehmen Sie an: ein Waldbesitzer — es kann ein fiskalischer Jagdbesitzer sein — hält einen starken Rehstand; der unglückliche angrenzende Feldjagdbesitzer ist dann verpflichtet, wenn Sie das Gesetz auf die Rheinpfalz ausdehnen, für diese Rehe einen hohen Wildschaden zu zahlen, und er ist nicht in der Lage, dagegen irgend etwas zu thun. Er ist nicht berechtigt, eine einzige Gais abzuschießen ohne Erlaubniß der Forstbehörde — und diese wird ihm kaum ertheilt werden. Ich könnte Ihnen noch eine ganze Reihe von Beispielen anführen, die zeigen, wie innig die Wildschadenfrage mit den übrigen Jagdgesetzen zusammenhängt, sodaß beides meines Erachtens pari passu erledigt werden muß.

Es kommt noch hinzu, daß gewiß in einzelnen Bundesstaaten manche Einrichtungen bestehen, die von uns vielleicht als Uebelstände empfunden werden. Aber ich glaube nicht, daß es Aufgabe des Reichstags ist, solchen Einzelstaaten, in denen nach unserer Ansicht die Landesgesetzgebung nicht genau das erfüllt, was wir für richtig halten, jedesmal als Büttel entgegenzutreten und der Landesgesetzgebung auf den Kopf zu schlagen. Das ist ein wesentliches Motiv für uns, weshalb wir es von unserem staatsrechtlichen Standpunkt aus für sehr bedenklich halten, ohne dringende Nothwendigkeit in die Rechte der Einzelstaaten einzugreifen. Wir werden deshalb unsererseits an dem prinzipiellen Antrag festhalten, die §§ 819 und 819a zu streichen. Wir werden natürlich zunächst für den Antrag meines Freundes Freiherrn von Gültlingen stimmen, die Hasen aus diesem Gesetz herauszubringen, und werden es auch für kein Unglück halten, wenn dann der § 819 nach Annahme des Antrags von Gültlingen von der Majorität zum Gesetz erhoben wird. Für uns in Preußen — das wiederhole ich — bleibt dann die Sache ganz genau so bestehen, wie sie heute ist, wenn auf diese Weise die Regierungsvorlage wiederhergestellt wird — und so wird die Sache ja auch wahrscheinlich kommen.

Dann habe ich noch auf den Appell, den Herr Dr. Lieber vorhin in Bezug auf die Annahme des Antrags des Herrn Abgeordneten Spahn an uns gerichtet hat, zu erwidern, daß ich es für selbstverständlich halte, daß, sobald § 819a nach unserem Antrag gestrichen ist, die Nr. 7 der Regierungsvorlage wieder eingefügt wird. Die Annahme des Antrags Spahn versteht sich meiner Ansicht nach demnach ganz von selbst.

Zum Schluß habe ich noch im Auftrage des Herrn Grafen von Mirbach zu erklären — ich weiß nicht, ob er augenblicklich hier ist —, daß Herr Graf Mirbach seinen Antrag zu Gunsten der von Herrn Pauli und mir gestellten Anträge zurückzieht. (Bravo!)

Kommissar des Bundesraths, Kaiserlicher Geheimer Ober- Regierungsrath **Struckmann:** Meine Herren, auf die Anfrage des Herrn Abgeordneten Dr. von Dziembowski-Pomian gestatte ich mir folgendes zu erwidern.

§ 819 setzt zu seiner Anwendung voraus, daß das Eigenthum an dem beschädigten Grundstück und das Jagdrecht an dem Grundstück nicht in derselben Hand ist, sondern verschiedenen Personen zusteht. Diese Voraussetzung trifft nicht zu in dem von dem Herrn Abgeordneten erwähnten Fall. Es kann also in diesem Fall der Pächter nicht auf Grund des § 819 den Verpächter wegen Schadenersatzes in Anspruch nehmen. Selbstverständlich ist es aber nicht ausgeschlossen, daß auf Grund des Pachtvertrags der Pächter Nachlaß an Pachtzins oder Entschädigung von dem Verpächter verlangen kann, wenn gegen den Sinn des nach Treu und Glauben auszulegenden Vertrags der Verpächter in übermäßiger Weise Wild hegt und dadurch den Fruchtgenuß des Pächters beeinträchtigt.

Da ich gerade das Wort habe, will ich die Gelegenheit benutzen, auf die Anregung des Herrn Abgeordneten Dr. Lieber und des Herrn Abgeordneten Freiherr von Stumm zu erklären, daß selbstverständlich die verbündeten Regierungen dem Antrag des Herrn Abgeordneten Spahn zustimmen werden, da dieser Antrag sich ja lediglich als eine Wiederherstellung der Regierungsvorlage darstellt.

Abgeordneter **Richter:** Ich will nur ein paar Worte erwidern nach den Provokationen, welche in den letzten Reden nach dieser Seite hin gerichtet worden sind.

Der Herr Abgeordnete von Bennigsen hat Bemerkungen gemacht in Bezug auf die Aeußerungen des Kollegen Lenzmann in Betreff des hannoverschen Provinziallandtags. Ich möchte zunächst daran erinnern, daß der Beschluß des hannoverschen Provinziallandtags für Aufhebung des Gesetzes in Betreff der Regreßpflicht wegen des Wechselwildes gefaßt ist gegen eine sehr starke Minderheit — wenn ich mich recht erinnere: mit 47 gegen 35 Stimmen. Nun hat der Herr Abgeordnete von Bennigsen, um den Einwand auszuräumen, daß in der Mehrheit die Großgrundbesitzer vorherrschend gewesen seien, darauf hingewiesen, daß der ritterschaftliche Besitz in Hannover verhältnißmäßig gering sei gegenüber dem bäuerlichen. Meine Herren, der Provinziallandtag aber wird nicht zusammengesetzt nach Maßgabe des ritterschaftlichen oder des bäuerlichen Besitzes, sondern nach dem Muster der altpreußischen Kreisordnung unterscheidet man auch dort die Verbände der Landgemeinden und die der Großgrundbesitzer; die Verbände der Großgrundbesitzer auf dem Kreistag und in Folge dessen auch in der Einwirkung auf den Provinziallandtag haben ein Stimmrecht, welches gerade in Hannover weit hinausgeht über ihre Bedeutung, über den Umfang des Besitzes und ihre Steuerkraft; deshalb haben die Großgrundbesitzer auf dem hannoverschen Provinziallandtag einen durch ihre Gesammtstellung in Hannover nicht gerechtfertigten Einfluß. Nach allem, was wir gehört haben, hat gerade das hannoversche Gesetz geführt zu Eingatterungen, und die Eingatterung halten wir für das Richtige und Wirksame im Schutz gegen das Hochwild.

Meine Herren, dafür ist im Abgeordnetenhause schon wiederholt eine große Mehrheit gewesen, die Eingatterungspflicht nicht bloß, wie sie jetzt besteht für Schwarzwild, sondern auch für Roth- und Dammwild, ja selbst für Rehwild, einzuführen; und nur dem Widerspruch des Herrenhauses hat man sich dort gefügt, daß man sich im Abgeordnetenhause auf die Eingatterung des Schwarzwildes bei den Berathungen des Wildschadengesetzes beschränkte.

Wenn dann gesagt wird, man solle den Hasenschaden dokumentarisch nachweisen, so werde ich in diesem Augenblick gerade darauf aufmerksam gemacht, welch' großer Schaden auf den Rieselfeldern in der Nähe von Berlin an den Obst- und Alleebäumen gerade in der letzten Zeit durch Hasen veranlaßt ist.

Meine Herren, dann hat der Herr Abgeordnete von Bennigsen gemeint, auch bei dem Schaden, der durch das Austreten von Wild aus anderen Jagdbezirken entsteht, empfinge der Beschädigte ja eine Vergütung. Allerdings nach dem preußischen Recht ist der Jagdbezirk, zu dem sein Acker gehört, verpflichtet, wenn der Jagdpächter nicht dazu verpflichtet ist, den Schaden zu tragen; es ist also die Feldjagdgemeinde, wie ich sie nennen will, zur Entschädigung verpflichtet. Aber wer den Schaden zufügt, das ist in der Regel der außerhalb dieser Gemeinde stehende

Forstfiskus, der das Wild unterhält. Gerade ein Parteigenosse des Herrn von Bennigsen hat im Abgeordnetenhause, als derselbe Einwand gemacht wurde, den jetzt Herr von Bennigsen macht, sehr richtig geschildert, wie ungerecht ein solches Verhältniß sei. Es war der Herr Abgeordnete Francke (Tondern), der nicht mehr dem Abgeordnetenhause angehört; der sagte auf einen solchen Einwand hin:

> Denken Sie sich: es kommen zwei Bauern A und B zu einem großen Herrn. Der eine klagt: Ihr Hund hat meine Kuh todt gebissen! —, und der zweite klagt: Ihr Hund hat auch meine Kuh todt gebissen! — und beide bitten um Schadenersatz. Der betreffende hohe Herr erwidert: Schadenersatz wollt Ihr haben? der Bauer A bezahlt dem Bauer B dessen todt gebissene Kuh, und der Bauer B bezahlt dem Bauer A dessen todt gebissene Kuh. (Heiterkeit.)

So sind die Betheiligten an der Feldjagdgemeinde verpflichtet, sich gegenseitig den Schaden zu ersetzen, den der Forstfiskus durch das aus seinem Bereich austretende Wild zufügt.

Nun ist von konservativer Seite offen die Drohung ausgesprochen, hier zu streiken, wenn es der konservativen Partei in Bezug auf die Jagdfrage nicht nach Wunsch gehe. Nun ist es mir ja wiederholt vorgekommen, daß man durch Fernhalten vom Saal darauf einzuwirken gesucht hat, daß die Mehrheit, die ein Gesetz will, nun auch wirklich sich präsent zeigt, daß die Probe darauf gemacht wird, ob ernsthaft eine Mehrheit für ein Gesetz vorhanden ist oder nicht. Das ist ein Mittel, das nicht illoyal ist, das unter Umständen sogar durchaus gebilligt werden muß, um eine Gesetzgebung zu sichern, die nicht auf zufälligen Mehrheiten beruht, sondern die einer wirklichen Mehrheit in der Volksvertretung entspricht. Aber, meine Herren, es ist mir noch nie vorgekommen, so lange der Reichstag besteht, daß man die Drohung ausgesprochen hat, man werde sich entfernen, wenn nicht das Gesetz eine bestimmte Gestalt erhalte. (Sehr richtig! links.) Das ist heute zum ersten Mal geschehen, und zwar von konservativer Seite, daß eine solche Pression ausgeübt wird.

Es ist noch bedenklicher, daß man sofort auf der Seite der Zentrumspartei bereit gewesen ist, diese Drohung zu respektiren (sehr richtig! links), sich ihr zu fügen. (Sehr wahr! links.)

Welche Gefahren bringt das für die ganze spätere Zukunft unseres Parlamentarismus und unseres ganzen parlamentarischen Wesens herbei, wenn dadurch gewissermaßen eine Prämie darauf gesetzt wird, daß man durch Drohungen, sich entfernen zu wollen, erreichen kann, daß in das Gesetz Bestimmungen aufgenommen werden, die der inneren Ueberzeugung derjenigen widersprechen, die sich dieser Drohung fügen —! (Lebhafte Zustimmung links. Widerspruch.) Meine Herren, wo ist denn da eine Grenze? Sind Sie denn sicher, daß die Herren Konservativen damit zufrieden sind? (Sehr gut! links.) Es kommen doch auch noch andere Bestimmungen im Gesetzbuch in Frage; ja, nach meiner Meinung kommen sogar noch weit wichtigere Bestimmungen, die weit idealere Interessen betreffen, als diese hier, z. B. die Frage des Eherechts. Oder sind Sie vielleicht unterrichtet, daß den Konservativen die Hasenfrage über alles geht (sehr gut! links), und daß, wenn sie in Bezug auf die Hasen zufrieden gestellt sind, in Bezug auf die Wildfrage, sie dann von einer Pression beim Eherecht und dort, wo höhere, idealere Interessen in Frage kommen, auf konservativer Seite keinen Gebrauch machen werden? (Sehr gut! links. Unruhe.)

Nun hat es der Herr Abgeordnete Lieber so dargestellt, als ob hier ein Opfer der Ueberzeugung gebracht würde im Interesse des Zustandekommens des bürgerlichen Gesetzbuchs. Das mochten Sie vielleicht sagen können, als Sie in Bezug auf das Vereinsrecht umfielen und den entgegengesetzten Standpunkt akzeptirten, den Sie früher selbst in der Kommission eingenommen haben; aber hier handelt es sich ganz und gar nicht um das Zustandekommen des bürgerlichen Gesetzbuchs überhaupt. Mir ist hier noch nie ein so großes Gesetz begegnet, an dessen Zustandekommen alle Parteien ohne Unterschied, ohne eine einzige Ausnahme, so viel Interesse bekundet hätten wie beim bürgerlichen Gesetzbuch. (Sehr wahr! links.) Es handelt sich hier gar nicht um dessen Zustandekommen, sondern nur um die Frage, ob es jetzt zum Abschluß kommt, oder ob es nach einer dann möglichen gründlicheren Berathung im Spätherbst zur Verabschiedung gebracht wird. Das ist das Einzige; nicht das bürgerliche Gesetzbuch steht in Frage, sondern eine einfache taktische Frage der früheren oder späteren Verabschiedung des Gesetzes. Nun, meine Herren, wenn wir die spätere Verabschiedung gewünscht haben, so haben wir es gethan gerade im Interesse des bürgerlichen Gesetzbuchs, also nicht, um das Zustandekommen zu verhindern, sondern um eine Bürgschaft zu haben, daß es mit größerem Verständniß für alle Theile des Volks alsdann zur Verabschiedung kommt, als wie es so der Fall ist. Einer bloß taktischen Frage wird also hier die innere Ueberzeugung geopfert von dem, was die Herren im Zentrum selbst für recht halten — denn das kann nicht scharf genug hervorgehoben werden, daß das, was hier in Frage steht, aus der Initiative der Herren vom Zentrum in der Kommission selbst in das Gesetzbuch hineingekommen ist.

Nun ist noch besonders hingewiesen auf die linke Seite, deren Taktik Sie in diese sogenannte Zwangslage gebracht hat. Wir haben ja kein Hehl daraus gemacht, und ich selbst habe den Antrag gestellt, daß wir die Verabschiedung des Gesetzes im Herbst erst wünschen aus den von mir angeführten Gründen. Nachdem aber das Haus mit einer erheblichen Mehrheit das Gegentheil beschlossen hat, haben wir uns loyal dem gefügt, und Sie können keinem einzigen von uns irgend eine Handlung nachweisen, daß wir von dem Augenblick irgendwie verzögernd auf den Abschluß haben hinwirken wollen. (Sehr richtig! links.) Wir haben die Verantwortung für die beschleunigte Berathung denen überlassen, die gegen uns den Beschluß herbeigeführt haben. Unsere Plätze sind, wenn ich mich nicht täusche, mindestens ebenso stark besetzt, unter Umständen sogar stärker besetzt als die des Zentrums. (Zustimmung links. Widerspruch aus der Mitte.) — Jawohl!

Nun hat ja der Herr Abgeordnete Lieber selbst durchblicken lassen, daß er das Gewicht der Pression von der rechten Seite nicht für genügend erachte, um die vollständige Schwenkung des Zentrums zu rechtfertigen; er hat noch hinzugefügt, daß er das Gewicht der materiellen Gründe aus den heutigen Verhandlungen auf sich habe einwirken lassen aus den Reden des Herrn Landwirthschaftsministers und des Herrn Oberforstmeisters Dr. Danckelmann. Meine Herren, wenn diese Gründe Sie so überzeugt hätten, dann hätten Sie sich doch nicht auf die Zwangslage der rechten Seite zu berufen brauchen. (Sehr gut! links.) Entweder das eine Moment oder das andere war genügend; beides zusammen war zur Begründung nicht erforderlich; und wer zu viel beweisen will, in einer solchen Sache zu viel Gründe anführt, beweist, wie wenig stichhaltig überhaupt der Standpunkt ist, den man einnimmt.

Und dann sind die Herren doch mit einer sehr merkwürdigen Vorahnung seitens der Vorsehung begnadet. Die Reden des Herrn Ministers und des Herrn Oberforstmeisters sind erst heute gehalten; es ist mir nicht bekannt, daß die Herren Ihnen gestern schon etwa privatim die Gründe mitgetheilt haben, — und doch wußte man gestern hier bereits allseitig, daß der Handel mit der Rechten schon abgeschlossen war (hört! hört! und Heiterkeit), daß die Drohung von der rechten Seite erfolgt war, und daß in Folge der Drohung sich auch heute die Umwandlung bei Ihnen vollziehen werde.

Nun, meine Herren, hat der Herr Abgeordnete Dr. Lieber zum Schluß das nationale Banner aufgepflanzt in dieser Frage. Das nationale Banner ist hier weniger am Platze als irgendwo. Die konservative Seite droht damit, daß sie fortlaufen will; das Zentrum, das läßt seine Ueberzeugung im Stich, weil die Konservativen fortlaufen wollen. Wenn hier ein Panier in Frage kommt, dann ist es nur das Hasenpanier. (Sehr gut! und große Heiterkeit.)

Abgeordneter Freiherr **von Hodenberg:** Meine Herren, wir stehen in erster Linie auf dem Prinzip der konservativen Partei, daß diese Materie nicht in das bürgerliche Gesetzbuch hineingehört, und werden daher in erster Linie für die konservativen Anträge Pauli = von Stumm stimmen. In zweiter Linie stimmen wir für den Antrag der Kommission, der unserer Meinung nach der Gerechtigkeit und Billigkeit entspricht.

Es ist vorher von dem Herrn Abgeordneten Freiherrn von Manteuffel hervorgehoben worden, daß niemand dem Herrn Landwirthschaftsminister widersprochen hätte. Ich erlaube mir, das hiermit zu thun. Die Thatsache, die er angeführt hat, daß das in Hannover geltende Gesetz dort Unbequemlichkeiten zur Folge gehabt hätte, kann ich natürlich nicht leugnen; aber, meine Herren, wir haben ja im § 69 des Einführungsgesetzes Mittel, um diesen Unannehmlichkeiten entgegenzutreten. Auf der anderen Seite möchte ich als Beweis dafür, daß dieses Gesetz in Hannover durchaus richtige Zustände hervorgerufen hat, die Thatsache anführen, daß trotz dieses so schlimm geschilderten Gesetzes seit der Zeit seines Bestehens die Jagdpachten um das Doppelte, ja das Zehnfache, gestiegen sind. (Hört! hört! links.) Meine Herren, ich glaube, das ist ein sprechender Beweis dafür, daß das Gesetz durchaus den dringenden Bedürfnissen entspricht. Ja, diese Steigerung ist nicht allein der Zunahme der Verkehrsmittel zuzuschreiben; sondern auch in den Gegenden, wo die Verkehrsmittel genau dieselben sind, wie vor 40 Jahren, ist dieselbe Steigerung der Jagdpachtpreise zu verzeichnen.

Allerdings muß ich zu Gunsten der hannoverschen Bevölkerung die Thatsache anführen, daß dieselbe von Chikanen sich frei hält, daß auf der einen Seite bei unserem Bauernstand eine große Lust zur Jagd vorhanden ist, und daß er deshalb auch gern einen geringen Schaden mit in den Kauf nimmt. Auf der anderen Seite ist er ein viel zu guter Rechner; er weiß, daß, wenn er unbillige Entschädigungsforderungen stellt, ihm keine hohen Jagdpreise gewährt werden.

Meine Herren, ich möchte dem, was der Herr Abgeordnete Dr. von Bennigsen dem Herrn Abgeordneten Lenzmann gegenüber erwähnt hat, noch etwas hinzufügen. Wenn er uns Deutschhannoveraner vielleicht mit unter die Großgrundbesitzer rechnet, so gehören wir und die große Mehrzahl der Mitglieder der hannoverschen Ritterschaft, Gott sei Dank! zu einer Partei, der es nicht vergönnt ist, im preußischen Landtag weder im Abgeordnetenhause noch im Provinziallandtag vertreten zu sein;

und deshalb muß ich den Vorwurf des Herrn Abgeordneten Lenzmann von uns ab-
lehnen. Auf der anderen Seite möchte ich ihm aber — und auch dem Abgeordneten
Frohme — zu bedenken geben, daß gerade in demselben Verhältniß des Prozent-
satzes, wie sich der Bauernstand in Hannover zu dem Großgrundbesitz verhält, auch
der kleine Bürger und der arme Bauer bei uns in Hannover das edle Waidwerk
ausüben.

Zum Schluß möchte ich noch mit dem Abgeordneten Richter den Wunsch aus-
sprechen, daß bei einer unseres Erachtens viel wichtigeren Frage, bei der Frage des
Eherechts, von Seiten der konservativen Partei dieselbe Erklärung abgegeben wird,
wie sie heute der Herr Abgeordnete von Stein abgegeben hat. (Heiterkeit.)

Abgeordneter **Stolle:** Meine Herren, die Verhandlungen über § 819 in der
Kommission wie auch hier im Hause werden für das Volk immerhin nach zwei
Richtungen von Nutzen sein: einmal haben die Herren von der Rechten durch diese
Verhandlungen in der Kommission und hier im Hause gezeigt, wie es bei diesen
Herren bestellt ist mit ihrer Liebe zum Volk und namentlich mit ihrer Liebe zum
Bruder Bauer. Von diesen Herren freilich habe ich nichts anderes erwartet, als daß
sie, wenn es sich um ihre eigenen Interessen handelt, ihrer Freundschaft für den
Bauern und den kleinen Mann, die sie ja bei den Wahlen sehr oft betonen, verlustig
gehen, wie ja heute wieder durch die Verhandlungen hier im Hause recht deutlich
erwiesen ist. Die Herren wünschen ja ganz bestimmt, daß wir die Jagdbefugnisse
der Grundherren wie in früheren Jahrhunderten wieder einführen möchten, und diese
gingen dahin, daß sie auf den Grundstücken der Bauern nach Belieben jagen könnten
Als dies soweit gegangen war, daß unter dem Druck und der Ausbeutung die
Bauern seufzten, da erhob sich endlich in den späteren Jahren ein gewaltiger Sturm
gegen diese Vorrechte, und das Jahr 1848 hat diese Vorrechte der Grundherren im
Nu beseitigt. Nach diesem treten die Herren wieder hin, und die Verhandlungen im
Hause haben deutlich gezeigt, daß sie nicht daran denken, den Bauern Lasten abzu-
nehmen. Nein, es werden ihnen neue auferlegt. Das war von den Herren nicht
anders zu erwarten, und so wird es für uns, die oppositionellen Parteien, bei
den nächsten Wahlen von bedeutendem Vortheil sein, diese Herren im wahren Licht
nach außen hin zu zeigen.

Eins aber hat mich gewundert, daß zu diesen Herren sich in der letzten Stunde
auch die Herren vom Zentrum gesellt haben. Der Herr Abgeordnete Gröber hat
anfangs eine sehr ausgezeichnete Rede gehalten und zwar für Einführung des § 819.
Jetzt auf einmal kommt Herr Dr. Lieber und erklärt: was Herr Gröber gesagt habe,
sei falsch verstanden worden. Herr Dr. Lieber deutet nun die Rede Gröbers ganz
anders und meint, am Schluß habe ja Herr Gröber gesagt: wenns möglich wäre!
Ich bin geradezu erstaunt, eine solche Haltung heute beim Zentrum zu finden, die
in dem Schlußsatz endigt: wenns möglich wäre! Ich frage nun doch einmal: ist
es eine Unmöglichkeit, daß § 819 nicht Gesetz werden kann, namentlich was die Hasen
betrifft? Scheitert etwa daran das Gesetz, wenn heute die Ersatzpflicht ausgesprochen
wird, und die Herren vom Zentrum den Dienst den Herren von der Rechten versagen? Sind denn die Arbeiten, die seit 20 Jahren an dem bürgerlichen Gesetzbuch
gemacht worden sind bis zu den Arbeiten hier in der Reichstagskommission und im
Plenum alle verloren, wenn dieser Paragraph hineinkommt? Dann wäre das Ansehen des Reichstags wahrlich nicht sehr hoch zu veranschlagen.

Noch wunderbarer ist es, daß Herr Dr. Lieber gesagt hat: wenn wir den Beschluß aufrechterhalten, könnte irgendwie eine Gefahr entstehen. Wo ist eine Gefahr
vorhanden? Stehen die Hasen höher als das bürgerliche Gesetzbuch, dann mögen
doch die Herren von der Rechten streiken, dann werden immer noch so viele Leute
hier sein, daß Beschlußfähigkeit vorhanden ist, und das bürgerliche Gesetzbuch unter
Dach und Fach gebracht werden kann. Die Furcht, die ausgesprochen worden ist,
als könnten die Herren von der Rechten streiken, wenn die Herren vom Zentrum bei
den gefaßten Beschlüssen stehen bleiben, ist durchaus grundlos.

Freilich, nach allem Gehörten ist es jetzt so weit, daß wohl Herr Gröber mit
seiner Ansicht von seinen politischen Freunden im Stich gelassen werden wird. Das
wird aber nach außen hin für die nächsten Wahlen von großer Bedeutung sein auch
in denjenigen Bezirken, wo das Zentrum bis jetzt dominirt hat. Jetzt ists an der
Zeit; jetzt können Sie dem kleinen, armen und, wie Sie sagen, verschuldeten Grundbesitzer helfen gegenüber dem ziemlich großen Schaden, der ihm durch den Wildschaden zugefügt wird. Nun meinen zwar die Einen — und das ist auch in der
Kommission von den Vertretern der verbündeten Regierungen entgegengehalten worden —; der Schaden, den die Hasen anrichten könnten, sei gar kein so bedeutender;
dagegen könne sich auch der kleine Besitzer, namentlich der Baumschulenbesitzer
schützen. Ich bin erstaunt, daß zu einer derartigen Ansicht ein sonst in seinem Fach
gewiß bedeutender Mann wie der Herr Oberforstmeister Danckelmann hinneigen
kann. Im Kommissionsbericht ist gesagt, daß, da der Hase auch da, wo er in großer
Anzahl vorkomme, niemals in Schaaren, sondern stets einzeln lebe, der durch ihn
veranlaßte Schaden kaum bemerkbar sei. Ist denn der Herr Oberforstmeister Danckelmann nicht einmal in einem harten Winter auf einen Acker hingekommen, wo der
Wind den Schnee weggetrieben hat, und wo die Hasen das ganze Winterkorn ab-
gegraft haben? Soll der kleine Bauer, der vielleicht kaum 3 bis 4 Acker hat, in
solchen Fällen keinen Schadenersatzanspruch haben? Ich wundere mich, daß ein so
ausgezeichneter Forstmann sich nach dieser Richtung hinneigen kann.

Weiter hat der Herr Oberforstmeister Danckelmann gemeint, der Baumschulenbesitzer könne sich schützen. Auch der Herr Abgeordnete von Manteuffel wies darauf
hin, daß die Baumschulen stets umfriedigt seien, und wies als Beispiel hin auf die
Baumschule des Herrn Späth in Neubritz, ein Areal von vielleicht 168 bis 200
preußischen Morgen; der könne sich davor schützen. Ja, solche Großgrundbesitzer
wie Späth, der vielleicht ein drei oder vierfacher Millionär ist, die können sich schützen;
die haben Geld und Mittel und Wege genug dazu. Aber hier handelt es sich um
Tausende kleine Gärtner, um den kleinen Baumschulenbesitzer, der nicht allemal die
Mittel hat, eine sichere Umfriedigung, einen Zaun anzulegen. Ich kann da aus
eigener Erfahrung sprechen. Ich selbst habe viele Jahre Gärtnerei betrieben und
erkläre, daß Kollegen von mir in einer einzigen Nacht Hunderte von Mark Schaden
gehabt haben durch die Hasen. (Hört! hört!) Einer meiner Kollegen hatte eine
Pflanzung von 10- bis 12 000 Bäumchen, die gut umfriedigt waren; bei starkem
Schneesturm war die Einfriedigung durchbrochen, und in einer Nacht waren mehr
als 1000 Bäumchen gänzlich vernichtet, die nimmermehr wachsen konnten. (Hört!
hört! links.) Wie ist es da möglich zu sagen: ja, der Baumschulenbesitzer kann
umzäunen —! Ich selbst hatte ein Grundstück von einigen Morgen; in einer einzigen Nacht bei starkem Schneewetter, wo vielleicht 1 bis 2 Ellen hoch der Schnee
geweht war, brachen die Hasen über die Einzäunung, und in einer Nacht waren

Tausende von Stauden und Gewächsen bis auf die Wurzel, ja selbst mit der Erde von den Hasen ausgekratzt worden. Nun, wie kann da der kleine Besitzer sich schützen? Wenn er einen Zaun macht, nützt es nichts; es müssen immer die Witterungs= verhältnisse mit ins Auge gefaßt werden. Wenn ein Forstmann, der vom Wetter gebräunt ist und alle die Verhältnisse durchlebt hat, in dieser Weise spricht, wie es hier der Herr Oberforstmeister Danckelmann gethan hat, so ist dies geradezu erstaunlich. Wenn sich in ähnlichem Sinne ein Kommerzienrath aus der Stadt, der gelegentlich als Sonntagsjäger einmal hinaus auf die Felder kommt, so ausgesprochen hätte, — nun, dem kann das passiren; aber dem Herrn Oberforstmeister Danckelmann hätte so etwas nicht passiren sollen.

Weiter wurde dann auch gesagt — ich glaube, es war auch Herr Oberforstmeister Danckelmann —: ja, wenn Sie so weit gehen, daß Sie selbst den Hasenfraß als Beschädigung aufstellen wollen, dann ruiniren Sie auch die Volkspoesie. Ja, bei uns haben wir ein derartiges Lied über die Hasen; da heißt es:

> Kleiner, reiß nicht aus, denn es kommen der Herr Landrath und der
> Herr Amtshauptmann, und die treffen dich alle beide nicht.

Das ist also die Volkspoesie.

Nun führt man freilich an und sagt: ja, wenn man heute so weit geht und die Bestimmungen ins Gesetz aufnimmt, dann werden eine große Anzahl von Gemeinden dadurch geschädigt werden. Auch die Frage ist nicht allein vielleicht in den Kreisen der Gemeinden und Jagdberechtigten verhandelt worden: wie wollen Sie den ein= zelnen Besitzer, der durch die Hasen geschädigt wird, durch den minimalen Betrag entschädigen, den er als Einzelner durch die Jagdpacht erhält? Angenommen, ein Jagdrevier bekommt vielleicht 3= bis 6000 Mark Pacht, und der Acker wird vielleicht mit 2, 3, 5 Mark — und nehmen wir noch höher an — mit 10 bis 20 Mark bezahlt. Das ist gewiß eine bedeutende Jagdsumme, die gezahlt wird. Der be= treffende einzelne Besitzer erleidet in einer Nacht einen Schaden von mehreren Hundert Mark. Ist das ein Aequivalent, durch das der einzelne Besitzer durch die Jagdpacht entschädigt wird? Haben die Herren nie berechnet, daß es sich hier um den einzelnen Mann dreht und nicht um die gesammte Gemeinde? Der Schaden, der dem Einzelnen durch die Hasen zugefügt wird, trifft den einzelnen kleinen Grund= besitzer und nicht die gesammte Gemeinde. Diese hat die hohe Pacht, und der Ein= zelne hat den effektiven Schaden. Wie kann daran gedacht werden, daß man hier durch die hohe Jagdpacht den Einzelnen entschädigen kann? Das ist nicht im ent= ferntesten wahr.

Also diese Einwendungen, die hier gemacht sind seitens der Regierungsvertreter und anderer Herren, sind insofern, glaube ich, nicht stichhaltig; sie treffen nicht zu. Es ist nicht wahr, daß der Hase keinen Schaden macht; er macht ihn an Baum= schulen und anderen Pflanzen. Es ist nicht wahr, daß der einzelne Besitzer sich decken kann durch Einzäunung u. dergl.; denn die Verhältnisse liegen oftmals so, daß auf freiem Felde sehr häufig Baumzucht, Gemüse= und Blumenzucht getrieben werden muß. Ich erinnere bloß an die Lagen von Hildesheim, dem Harz, Quedlin= burg, Erfurt. Ueberall, wohin Sie blicken, werden Sie ganz große Fluren finden, wo nichts als Gemüse und Pflanzen stehen. Wie wollen denn die Leute da eine Umzäunung machen! Das würde wirthschaftlich sogar sehr unpraktisch sein, wenn sie jedes derartige kleine Grundstück, das parzellirt ist in 1 bis 2 Morgen, abzäunen wollten, und wenn sie keinen festen Zaun machen, nützt es nichts.

Auch die letzte Einwendung, die gemacht worden ist, durch Umzäunung könnten sich die einzelnen Besitzer schützen, ist wieder nicht zutreffend; denn Sie werden nie in der Lage sein, ihnen die Mittel an die Hand zu geben. Alle Mittel, die angeführt worden sind, sich vor Hasenschaden zu schützen, sind von der praktischen Seite nie und nimmer richtig, können nicht richtig sein; denn sie treffen die Verhältnisse nicht.

Nun wurde weiter angeführt, die Frage über den Wildschaden gehöre nicht in das Gesetz für das Deutsche Reich, sondern es sei doch viel besser, wenn die Sache landesgesetzlich geregelt werde. Meine Herren, wer Erfahrungen gemacht hat, wie es in den einzelnen Ländern und ihren Gesetzgebungen aussieht, der wird nie auf den Gedanken verfallen, ein Recht, das für die ganze Nation gelten soll, landesgesetzlich regeln zu lassen. Sehen Sie sich einmal die Wahlgesetze zu den einzelnen Landtagen und Provinziallandtagen an! Dann werden Sie finden, daß die kleinen Grundstücksbesitzer gar nicht hineingelangen können. Ich führe hierbei das Königreich Sachsen an. Dort haben wir in diesem Jahre ein neues Wahlgesetz erhalten, welches in drei Klassen eintheilt. Danach sind die kleinen Grundbesitzer nicht in der Lage, einen Abgeordneten hineinzubringen, es sei denn, er kriecht zu Kreuz, wie es das Zentrum und die Nationalliberalen gegenüber den Konservativen gethan haben und sagt: ich stimme mit euch. Dann kann auch mal ein kleiner Grundbesitzer aus Gnade und Barmherzigkeit in den Landtag hineinkommen. Aber dann muß er sich mit Leib und Seele den Agrariern verschreiben und alle Anträge unterschreiben und mit in den Kauf nehmen, auch wenn die Ersatzpflicht für den Wildschaden abgelehnt wird. Meine Herren, die Erfahrungen, die wir gemacht haben, lassen nicht erwarten, daß für den kleinen Grundstücksbesitzer etwas erreicht wird, wenn man eine derartige Frage aus dem bürgerlichen Gesetzbuch ausscheidet und sie der Landesgesetzgebung zur Regelung überweist.

Meine Herren, sonderbar hat mich berührt, als der Herr Abgeordnete v. Manteuffel sagte: es sei nicht festzustellen, ob der Schaden durch die Hasen oder durch die Mäuse entstanden sei, und daß er schließlich sagte: der Hase frißt nur aus Gesundheitsrücksichten; wenn er 10, 20, 100 Bäume abschält, das hat er eben aus Gesundheitsrücksichten gethan. (Heiterkeit links.) Wenn die Herren von der Rechten doch nur dieselbe Vorliebe wie für die Hasen auch für ihre Arbeiter hätten. (Sehr richtig! bei den Sozialdemokraten.) Wie ist es aber mit den Arbeitern bestellt auf den großen Rittergütern? Nehmen da die Latifundienbesitzer auch so viel Rücksicht auf die Gesundheit ihrer Arbeiter wie auf die Gesundheit der Hasen? (Zuruf rechts.) — Ja, lächerlich ist es, wenn man sich besorgt hält um die Gesundheit der Hasen. Ich denke doch, die Arbeiter hätten mehr Recht, Rücksicht auf ihre Gesundheit zu finden.

Nun, meine Herren, Bestimmungen über den Hasenfraß und die Ersatzpflicht bestehen nur in Hannover, und vom Herrn Oberforstmeister Danckelmann ist ausgeführt, daß sie sich nicht bewährt haben; aber er hat uns den Beweis nicht erbracht, sondern nur angeführt, daß bereits Anträge eingegangen sind, das Gesetz wieder aufzuheben. Wie aber diese Anträge zu stande gekommen sind, das hat er uns nicht gesagt.

Es ist erklärlich, daß es im Interesse für die betreffenden Grundstücksbesitzer liegt, daß sie ihrer Ersatzpflicht möglichst enthoben werden. Das ist menschlich begreiflich, daß sie eine ihnen lästige Bestimmung los sein wollen. Nun haben Sie aber auch gehört, daß mein Vorredner, Herr von Hodenberg, erklärt hat, daß die Jagdpachten sich bis um das Zehnfache in Hannover gesteigert haben, und nicht im entferntesten daran zu denken ist, daß die Pachterträge nachlassen werden. (Sehr wahr! bei den Sozialdemokraten.) Und, meine Herren, alle Befürchtungen, die Sie ausgesprochen haben, daß die Pachterträge auf ein Minimum zurückgehen würden, sind widerlegt durch die Erfahrungen, die in Hannover gemacht worden sind, und ich glaube nicht, daß es irgend einem Nimrod einfallen wird, auf seinen Sport zu verzichten, wenn er in der Lage ist, eine Jagd zu pachten, wo ihm der Hase auf 100 Mark zu stehen kommt; es wird dem Herrn nichts schaden, und er wird nicht darauf verzichten, wenn ihm auch der Hase 105 Mark kostet. (Sehr richtig! links.) Es wird nicht im entferntesten daran zu denken sein, daß die Jagdpachten weniger einbringen könnten.

Nun ist mir aber weiter noch aufgefallen: während das Zentrum bisher den Konservativen gegenüber in verschiedenen Fällen ein festes Rückgrat gezeigt hat und auf den einmal gefaßten Beschlüssen stehen geblieben ist, hat es hier mit einem Mal eine Schwenkung gemacht und gesagt: ja, es ist nicht möglich, die Ersatzpflicht zu erlangen, sonst scheitert die ganze Gesetzgebung, und das könnten wir nicht verantworten. Die Herren vom Zentrum nehmen hier Rücksicht auf den Widerspruch der Rechten. Weiter haben die Herren wahrscheinlich auch auf Widerspruch der Regierung hin ihre Meinung geändert, daß sie gesagt haben: weil die Vertreter der verbündeten Regierungen nicht mitmachen, so nehmen wir das Sichere, daß wir alles das weglassen, was die Regierung nicht will, und nur das nehmen, was der Regierung genehm ist. Wie wäre es denn da bei dem Jesuitengesetz gewesen? Die verbündeten Regierungen haben es viele Jahre nicht zugegeben; aber alle Jahre ist der Antrag wiedergekommen, und Sie haben immer wieder gesagt: was recht und billig ist, werden wir durchsetzen mit allen Konsequenzen. Aber auch hier sollten, wenn man einmal es für recht und billig erachtet hat, daß kleine Grundbesitzer, die geschädigt werden, einen Schutz des Reichs durch seine Gesetzgebung erlangen sollen, keine anderen Rücksichten den Reichstag abhalten, das, was recht und billig ist, durch alle Konsequenzen zu vertreten.

Meine Herren, erstaunt bin ich über die Haltung, die heute das Zentrum eingenommen hat. Ueber die nationalliberale Erklärung, die Herr von Bennigsen abgegeben hat, braucht, glaube ich, sicherlich niemand verwundert zu sein. Die Herren von der nationalliberalen Partei haben bei jeder Gelegenheit das bekundet und bewiesen: wenn es möglich war, der Regierung zuzustimmen, werden wir mit zustimmen, — und Herr von Bennigsen dehnte es heute sogar so weit aus, daß er sagte: der Hase ist ein so harmloses Thier. Ich wundere mich, daß er nicht gesagt hat: er hat soviel ähnliches mit uns, wir reißen auch immer aus und ergreifen das Hasenpanier. (Heiterkeit.) Deshalb hat er wahrscheinlich auch den Hasen als so harmlos bezeichnet.

Meine Herren, wie es mit dem harmlosen Thierchen aussieht, beweisen die vielfachen Prozesse, die geführt worden sind wegen der Schäden, die Hasen angerichtet haben. Es ist nicht bestritten worden, daß wegen der Ersatzpflicht Wildschädenprozesse geführt worden sind. Und heute kann man noch kommen angesichts solcher Thatsachen und sagen: die Hasen sind harmlos, machen keinen Schaden, und siehe da! ein so harmloses Thierchen soll man nicht unter Reichsgesetzbestimmungen legen, sondern dies den Landesvertretungen überlassen, die zusammengesetzt sind aus Standes- und Klassenvertretern. Und damit haben Sie das Richtige getroffen.

Ich habe schon anfangs meiner Rede erwähnt: die Verhandlungen der Kommission und im Hause werden nach zwei Richtungen hin von großem, bedeutendem Nutzen sein; einmal: sie zeigen die Rechte in ihrem vollen Licht. Heute haben Sie es in Ihrer Gewalt, dem geschädigten kleinen Besitzer ein Recht zu geben, damit er auch in Zukunft denkt, daß er, wenn er von derartigem Unglück verfolgt wird, Schadenersatz erhält, und das Zentrum hat heute in seiner Gewalt, den Ausschlag zu geben und zu zeigen, wie es steht draußen, ob das Zentrum, das wohl hundertmal betont hat, es will für die Kleinen eintreten, heute feststehen bleibt und seine Beschlüsse aufrecht erhält. Und wir werden ja sehen, meine Herren, ob Sie halten werden, was Sie früher ausgesprochen haben, was Sie draußen dem Volk versprochen haben. Das Volk wird das letzte Wort reden, und aus diesem Grunde sage ich: wer zuletzt lacht, lacht am besten. Mit Ihrer Liebe für den Bruder Bauer und für den kleinen Mann scheint es wahrhaftig nicht weit her zu sein; denn jetzt gilt es zu beweisen und zu handeln.

Präsident: Das Wort hat der Herr Abgeordnete Scherre.

Abgeordneter **Scherre:** Meine Herren, ich will Ihre Geduld nicht lange auf die Probe stellen.

Die Worte des Herrn Vorredners sowie die Worte des Herrn Abgeordneten Lenzmann und des Herrn Abgeordneten Rickert ganz besonders, weil ich gerade ein kleinerer Grundbesitzer bin, veranlassen mich, Sie dringend zu bitten, die Worte in § 819 „Hasen und Fasanen" sowie die Regreßpflicht fallen zu lassen. (Sehr gut! und Bravo! rechts und in der Mitte.)

Meine Herren, ich betreibe seit ca. 30 bis 40 Jahren die Landwirthschaft. Mein Besitz ist nicht von der Größe, daß ich eine eigene Jagd habe. (Hört! hört! rechts, — Lachen links.) Und, meine Herren, ich kann Ihnen voll und ganz versichern, innerhalb dieser langen Jahre habe ich durch Hasenfraß an meinem Getreide noch nicht 5 Mark Schaden gehabt! (Zuruf links. — Hört! hört! rechts.) Ich gebe zu, daß der Hase an sich selbst nicht ein so unschuldiges Thierchen ist, sondern daß er ganz erheblichen Schaden verursachen kann; ganz besonders aber schädigt er Plantagen, Obstbäume, Baumschulen u. s. w. Nun, meine Herren, wollen Sie das vermeiden, will der Eigenthümer das vermeiden, so kann er sich auf ganz leichte Weise schützen, indem er entweder seine Bäume umbindet oder anstreichen läßt. Das machen wir in der Provinz Sachsen alle. Wer seine Bäume so ungeschützt stehen läßt, der setzt sich eben der Gefahr aus, daß sie beschädigt werden, und Sie können nur noch einen einzigen Hasen in der Flur haben, der kann in einigen Nächten — größtentheils thut er das aus Spielerei — so und so viel Bäume angenagt haben. Nun, meine Herren, wenn die Bestimmung so stehen bleibt, so hat das die Folge, daß in unsere Landgemeinden große Unannehmlichkeiten hineingetragen werden. (Sehr wahr! rechts.) Es werden Prozesse entstehen, und die Uneinigkeit wird geradezu mit Gewalt in den Bauernstand hineingetragen. Der Kleingrundbesitzer ist ja schon in der Beziehung gegen den Großgrundbesitzer benachtheiligt, indem letzterer, wenn er eine zusammenhängende Fläche von über 300 Morgen hat, die Jagd selbst ausüben kann. Das können wir nicht. Wir müssen unsere Jagd gemeinschaftlich verpachten, zum Theil sind bis jetzt die Jagden auch an bäuerliche Besitzer verpachtet gewesen. Bleiben die Bestimmungen bestehen wie Schadenersatzpflicht für Hasen, so bin ich der Ueberzeugung, daß die jetzigen Bauern, die noch die Jagd in Pacht haben, nach und nach dadurch zurückgedrängt werden, daß sie nicht das Risiko übernehmen wollen in Folge von Schadenersatzleistungen, oder um sich nicht in Prozesse einzulassen. Die Folge wird sein, daß unsere Gemeindejagden ganz und gar in die Hände der reichen Großgrundbesitzer, der Kapitalisten und — der Herr Vorredner erwähnte vorhin den Ausdruck (Zuruf rechts) — der Kommerzienräthe übergehen und der Bauernstand vollständig zurückgedrängt wird, was meiner Ansicht nach noch viel schlimmer ist, daß immer mehr zweifelhafte Elemente aus den Großstädten auf unser Land kommen und die Jagd pachten. Diese Leute kommen in Korporation oft von 15, 20 Mann zur Zeit der Hühnerjagd, wo sie bei einem geschossenen Huhn, das in das Getreide gefallen ist, uns oft mehrere Quadratmeter Getreide zerstampfen und mit den Hunden zertreten lassen. (Sehr richtig! rechts.)

Sie werden mir entgegenhalten: dann sind sie für den Schaden verpflichtet! Aber weisen Sie mir doch einmal nach, wer in der Frucht umhergelaufen ist! Wir stehen nicht den ganzen Tag auf dem Planstück. Nehmen Sie doch einmal die Zeit um Mittag. Da ist niemand mehr auf dem Feld von unseren Leuten, und wir können nicht wissen, was in der Zeit dort geschieht, und wer dort das Getreide niedergetreten hat. Ich kann dem Jagdpächter nicht sagen: du bist es gewesen. Gerade die Leute, die aus den Städten zu uns kommen, schießen zum größten Theil die Jagd bis auf den letzten Hasen aus. Die Folge davon ist, daß wenn die Jagd weiter verpachtet wird, dieselbe mit einem Spottgeld verpachtet werden muß. — Meine Herren, Sie wollen uns schützen. Ich gebe das zu; Sie haben den guten Willen, den Bauern vor Schaden zu schützen; aber ich erkläre Ihnen, daß Sie durch diese Bestimmung ihm viel mehr schaden als nützen. (Hört! hört! rechts.)

Ich bitte Sie nochmals dringend: gehen Sie von dieser Bestimmung ab. Ich stehe nicht auf dem Standpunkt, daß ich sage: wenn die Hasen hier nicht gestrichen werden, so werde ich gegen das ganze bürgerliche Gesetzbuch stimmen — nein, ich würde auch für das bürgerliche Gesetzbuch stimmen, wenn die Hasen drin blieben; aber ich habe es als Kleingrundbesitzer für meine Pflicht gehalten, zu erklären, daß Sie uns durch diese Bestimmungen mehr Schaden thun, als Sie uns Nutzen bringen. (Sehr richtig! und Bravo! rechts.)

Stellvertretender Bevollmächtigter zum Bundesrath für das Großherzogthum Mecklenburg-Schwerin, Ministerialrath Dr. **Langfeld**: Meine Herren, der Herr Abgeordnete Rickert hat heute die Bemerkung gemacht, die mecklenburgische Verordnung vom 14. Februar 1894, betreffend den Ersatz von Wildschäden, trage wesentlich dem Interesse der Ritterschaft Rechnung, habe aber die bäuerlichen Kreise nicht befriedigt. Ich fürchte, dem Herrn Abgeordneten Rickert ist der Inhalt der Verordnung doch nicht ganz genau bekannt geworden. Denn die ausgesprochene Tendenz dieser Verordnung war gerade, den kleinen, nicht jagdberechtigen Grundbesitzern vollen Ersatz zu gewähren für jeden beachtlichen Wildschaden, und zwar auf die einfachste, schnellste und billigste Weise durch ein Schiedsverfahren, welches einzuleiten ist lediglich auf den Antrag des Ersatzberechtigten hin, welches von Amtswegen durchzuführen ist, und welches auch den unterliegenden Theil mit weiteren Kosten nicht belastet als höchstens mit dem Ersatz der entstandenen Zeugen- und Sachverständigengebühren sowie der Reisekosten der Schiedsmänner. Die Tendenz, gerade den bäuerlichen Besitzern zur Hilfe zu kommen, spricht sich klar auch in der Vorschrift der Verordnung aus, durch welche die rechtgeschäftigen Bestimmungen der Erbpacht- und bäuerlichen Kontrakte, nach denen ein Ersatzanspruch wegen Wildschaden ausgeschlossen war, aufgehoben worden sind. Nach meiner Kenntniß der Verhältnisse hat denn auch die Verordnung gerade in kleinen ländlichen Kreisen befriedigt und jedenfalls die Folge gehabt, daß die Klagen, welche, wie ich zugeben muß, leider früher vielfach in Mecklenburg wegen Wild=schaden laut wurden und auch in dieses hohe Haus gedrungen sind, verstummt sind. (Bravo! rechts.)

Abgeordneter Dr. Pachnicke: Meine Herren, nur die Aeußerungen des mecklen=burgischen Herrn Kommissars veranlassen mich zu einigen Worten der Entgegnung. Die Vorlage, um die es sich da in Mecklenburg handelte, ist kurz vor den Wahlen von 1893 ans Licht getreten und beherrschte die Wahlen in ländlichen Bezirken fast mehr als die Militärvorlage. Die Zufriedenheit ist ja allerdings etwas, das sich der statistischen Feststellung entzieht. Aber ich muß doch hervorheben gegenüber diesen Aeußerungen, die Sie eben gehört haben, daß, soviel mir bekannt, Zufrieden=heit in dieser Angelegenheit weit mehr im Lager der Ritterschaft als im Lager der Bauernschaft zu finden ist. Mir persönlich sind eine Reihe von Klagen zugegangen, die am wenigsten beweisen, daß das Verfahren, wie behauptet, ein einfaches, billiges und schnelles ist; man beklagt sich vielmehr über die vielen Unbequemlichkeiten, man beklagt sich über die Niedrigkeit des Schadenersatzes und über manche andere Dinge sonst. Meine Herren, daß solche Beschwerden bei dieser Gelegenheit einen Ausdruck finden, erscheint mir nach den Ausführungen des Herrn Kommissars durchaus zweck=mäßig. Wir wünschen, es würde reichsgesetzlich noch mehr festgelegt als bloß der Grundsatz der Schadenersatzpflicht, und hätten wir einen größeren Einfluß auf den Gang der Gesetzgebung, so würden wir weitergehende Anträge gestellt haben. Aber daß wenigstens das Prinzip reichsgesetzlicher Regelung hier zur Annahme gelangt, ist schon eine immerhin werthvolle Errungenschaft, nach der man sich schon lange in Mecklenburg gesehnt hat. Die Wildschadenfrage spielt vielleicht in keinem anderen Lande eine so große Rolle als gerade in Mecklenburg, und darum glaube ich mich verpflichtet, diese kurze Bemerkung hier anzuführen. (Bravo! links.)

Präsident: Die Diskussion ist geschlossen. Das Wort zu einer persönlichen Bemerkung hat der Herr Abgeordnete Brandenburg.

Abgeordneter Brandenburg: Meine Herren, während der Verhandlungen ist mein Name von zwei Seiten genannt, indem auf ein Zeugniß Bezug genommen ist, welches ich bei der Behandlung der Wildschadenersatzfrage im Abgeordnetenhause ab=gegeben habe. Das möchte ich hier richtigstellen. Es ist allerdings richtig, daß ich derzeit gesagt habe: während meiner 25 jährigen Thätigkeit als Amtsrichter hätte ich niemals einen Wildschadenprozeß zu entscheiden gehabt. Ich habe dabei jedoch, wie mir der Herr Oberforstmeister Dr. Danckelmann bestätigt hat, ausdrücklich angeführt, daß in meinem Bezirk nur Kleinwild vorkomme. Ich habe meine Erfahrungen aus Hannover, wo seit dem Jahre 1848 durch das Gesetz vom 21. Juli allgemeine Wild=schadenersatzpflicht auch in Bezug auf Kleinwild statuirt ist, angeführt, zum Beweise dafür, daß die Statuirung der Schadenersatzpflicht in Bezug auf Hasen, um die es sich gerade handelte, nicht so gefährlich ist und nicht zu so vielen Prozessen führt, wie damals sowie heute von anderer Seite hervorgehoben wurde. Ich bin übrigens, wie ich für die richtige Deutung meiner Erklärung noch bemerke, im Abgeordneten=Hause für die Prinzipien des hannoverschen Wildschadengesetzes im ganzen, namentlich auch für den sogenanten Regreßanspruch, eingetreten, indem ich den Schwerpunkt der Sache und den alleinigen reellen Wildschadenersatz ersehe, während das andere eigentlich nur auf eine Wildschadenvertheilung herauskommt.

Dafür werde ich auch hier stimmen.

Präsident: Der Herr Berichterstatter verzichtet. (Bravo!)

Wir kommen zur Abstimmung. Es sind nur noch **zwei** namentliche Ab=
stimmungen beantragt, die dritte ist zurückgezogen. Die beiden aufrecht erhaltenen
namentlichen Abstimmungen sind diejenigen über den Antrag von Gültlingen (be=
treffend die Streichung der Worte „durch Hasen") und über den § 819a.

Wir kommen zunächst zur Abstimmung über den § 819. Der Antrag des
Herrn Abgeordneten Grafen von Mirbach ist zurückgezogen; es bleibt sonach der
Antrag des Freiherrn von Gültlingen und derjenige des Herrn Abgeordneten Frei=
herrn von Stumm=Halberg. Zuerst wird der Antrag des Herrn Abgeordneten Freiherrn
von Gültlingen zur Abstimmung kommen, die Worte „durch Hasen" zu streichen. Ich
stelle die Frage an die Herren: wer in den Kommissionsbeschlüssen zu § 819 die
Worte „durch Hasen" für den Fall der Annahme des § 819 aufrecht erhalten will,
mit Ja zu antworten, und derjenige, welcher sie nicht aufrecht erhalten will, mit
Nein. Der Namensaufruf beginnt mit dem Buchstaben F. — In zweiter Reihe
werden wir dann über den § 819 abstimmen so, wie er sich gestaltet hat. Damit
ist das Haus einverstanden.

Ich bitte, den Namensaufruf zu vollziehen. (Geschieht.)

Mit Ja antworten:

Auer. Bebel. Benoit. Bock (Gotha). Brandenburg. Casselmann. Dr. Conrad.
Graf von der Decken (Ringelheim). Fischbeck. Fischer. Frohme. Fusangel. Gaulke.
Geyer. Dr. Görtz. Haußmann. Herbert. Freiherr von Hodenberg. Hofmann
(Chemnitz). Hubrich. Humann. Kaufmann. Klees. Küchly. Kühn. Dr. Langer=
hans. Lenzmann. Lessing. Liebknecht. Lüders. Meister. Metzger (Hamburg).
Metzner (Neustadt). Möller (Waldenburg). Molkenbuhr. Dr. Müller (Sagan).
Munckel. Nadbyl. Dr. Osann. Dr. Pachnicke. von Reibnitz. Reißhaus. Richter.
Rickert. Ritter (Merseburg). Schaettgen. Schippel. Schmidt (Berlin). Schmidt
(Elberfeld). Schmidt (Sachsen). Schmieder. Schuler. Schultze (Königsberg).
Seifert. Dr. Simonis. Singer. Spahn. Stadthagen. Stolle. von Strombeck.
Szmula. Traeger. Tutzauer. Vogtherr. Wattendorff. Weiß. Winterer.
Wurm. Zubeil.

Mit Nein antworten:

Abt. Aichbichler. Prinz von Arenberg. Graf von Arnim. Dr. Bachem. Baeurle.
Bassermann. Bayerlein. Bender. Dr. von Bennigsen. Graf von Bernstorff
(Lauenburg). Graf von Bismarck=Schönhausen. Dr. Bock (Aachen). Dr. Boehme.
Bohtz. Boltz. Braun. Broekmann. Brünings. Brunck. Dr. von Buchka. Bumiller.
Freiherr von Buol=Berenberg. Graf von Carmer. Prinz zu Carolath=Schönaich.
Baron Chlapowski. von Colmar. Dr. von Cuny. von Dallwitz. Deuringer.
von Dewitz. Dieden. Graf von Dönhoff=Friedrichstein. Graf zu Dohna=Schlodien.
Graf Douglas. Dresler. von Dziembowski=Bomst. Dr. von Dziembowski=Pomian.
Eck. Engels. Dr. Enneccerus. Euler. Feddersen. Fink. Frank (Baden). Frank
(Ratibor). Dr. von Frege=Weltzin. Fritzen (Rees). Fuchs. Gamp. Gerstenberger.
Gröber. Freiherr von Gültlingen. Baron von Gustedt=Lablacken. Haake. Dr. Hahn.
Dr. Hammacher. Harl. Hartmann (Glatz). Dr. Hasse. Dr. Freiherr von Heereman.
von Herder. Dr. Freiherr von Hertling. Freiherr Heyl zu Herrnsheim. Hilgendorff.
Hilpert. Himburg. Hitsche. Dr. Hitze. Hofmann (Dillenburg). Prinz zu Hohen=

lohe-Schillingsfürst. Graf von Holstein. Graf von Hompesch. Horn (Neiße). Jacobskötter. Jebsen. Jorns. von Kardorff. von Kehler. Keßler. von Kleist-Retzow. Klemm (Mühlhausen). Klose. Krämer. Krebs. Dr. Kropatschee Krüger. von Lama. Lehemeir. Lehner. von Leipziger. Lender. Leonhard. Lerno. Lerzer. Letocha. Dr. Lieber (Montabaur). Graf zu Limburg-Stirum. Dr. Lingens. von Loesewitz. Maager. Freiherr von Manteuffel. Marbe. Dr. von Marquardsen. von Massow. Merbach. Meyer (Danzig). Graf von Mirbach. Mooren. Moritz. Müller (Fulda). Müller (Harburg). Münch-Ferber. Nauck. Neckermann. von Normann. von der Osten. Dr. Paasche. Pauli. Dr. Pichler. Dr. Pieschel. Pingen. Placke. von Ploetz. von Podbielski. von Puttkamer-Plauth. Reichert. Reichmuth. Rembold. Rettich. Riekehof-Böhmer. Rimpau. Dr. Rintelen. Roeren. Roesicke. Graf von Roon. Rothbarth. Rother. Dr. Rudolphi. Sachße. von Salisch. Freiherr Saurma von der Jeltsch. Dr. Schaedler. Schall. Scherre. Schmid (Immenstadt). Schmidt (Warburg). von Schöning. Schöpf. Schröder. Dr. Schultz-Lupitz. Schulze-Henne. Schwarze. Graf von Schwerin-Löwitz. von Sperber. von Staudy. von Stein. Steininger. Dr. Stephan (Beuthen). Dr. Udo Graf zu Stolberg-Wernigerode. Freiherr von Stumm-Halberg. Timmermann. Trimborn. von Viereck. Wallenborn. Walter. Wamhoff. Weidenfeld. Wellstein. Wenders. Wenzel. von Werdeck-Schorbus. Werner. Wildegger. Will. de Witt. Witzlsperger. Zott.

Der Abstimmung enthalten sich:

Liebermann von Sonnenberg. Graf von Oriola. Schwerdtfeger. Siegle. Dr. Vielhaben.

Krank sind:

Baumbach. Dr. Bürklin. Cegielski. Dr. Clemm (Ludwigshafen). Frese. von Grand-Ry. Grillenberger. Haag. Hesse. Payer. Steppuhn. Thomsen. Wiesike. von Winterfeldt-Menkin.

Beurlaubt sind:

Ancker. Baron von Arnswaldt-Hardenbostel. Bachmeir. Beckh. Graf von Bernstorff (Uelzen). Galler. Gräfe. Hauffe-Dahlen. Hosang. Hüpeden. Dr. von Jazdzewski. Köpp. Dr. von Komierowski. Dr. Kruse. Dr. Freiherr von Langen. Dr. Marcour. Mayer (Landshut). Müller (Waldeck). Goetz von Olenhusen. Pflüger. Quentin. Schmidt (Frankfurt). Dr. Schneider. Uhden. Ulrich. Freiherr von Wangenheim. Wengert.

Entschuldigt sind:

Dr. Blankenhorn. Fritzen (Düsseldorf). Graf von Galen. Dr. Hermes. Horn (Sachsen). Krupp. Leuschner. Dr. von Levetzow. Radwanski. Weber (Heidelberg).

Ohne Entschuldigung fehlen:

Ahlwardt. von Arnswaldt-Böhme. Augst. Dr. Barth. Bauermeister. von Benda. Bindewald. Birk. Blos. Dr. Boeckel. Dr. Bostetter. Bruckmaier. Brühne. Buddeberg. Freiherr von Buddenbrock. Bueb. Burger. Charton. Colbus. von Czarlinski. Fürst Czartoryski. Prinz Czartoryski. Dietz. Ehni. von Elm. Dr. Förster (Neustettin). Förster (Reuß). Dr. Friedberg. Fürst zu Fürstenberg. Gerisch.

Göllner. von der Gröben-Arenstein. Günther. Guerber. Haehnle. Harm. Hart=
mann (Württemberg). Herzog. Hirschel. Dr. Hoeffel. Erbprinz zu Hohenlohe=
Oehringen. Hug. Joest. Johannsen. Iskraut. von Kalkstein. Graf von Kanitz=
Podangen. Kercher. Klemm (Dresden). Graf zu Inn= und Knyphausen. Köhler.
Dr. Krzyminski. Kubicki. Graf Kwilecki. Langerfeldt. Legien. Lieber (Meißen).
Lorenzen. Lotze. Dr. Lütgenau. Lüttich. Lutz. Freiherr von Maltzan=Molzow.
Menz. Pezold. Pierson. von Janta=Polzcynski. Preiß. Fürst Radziwill. Ritter
(Wirsitz). von Rozycki. Dr. Rzepnikowski. Graf von Schliessen=Schliessenberg.
Schnaidt. Dr. Schoenlank. Schumacher. Dr. Sigl. von Slaski. Speiser.
Stephann (Torgau). Stöcker. Stroh. Strzoda. von Vollmar. Weber (Bayern).
Wolny. Dr. von Wolszlegier (Gilgenburg). von Wolszlegier (Schönfeld). Zimmer=
mann. Freiherr Zorn von Bulach.

Präsident: Die Abstimmung ist geschlossen; das Resultat wird ermittelt.

Das Resultat der Abstimmung ist folgendes. Es haben abgestimmt 252 Mitglieder
(Bewegung), darunter mit Ja 69, mit Nein 178; enthalten haben sich 5 Herren.
Danach ist der Antrag des Herrn Abgeordneten Freiherrn von Gültlingen an=
genommen: die Worte „durch Hasen" sind gestrichen.

Wir kommen nunmehr zur Abstimmung über § 819, so wie er sich gestaltet
hat. Damit werden wir dem Antrag des Herrn Abgeordneten Freiherrn von Stumm
auf Strich gerecht.

Ich ersuche diejenigen Herren, welche § 819 nach der Kommissionsfassung, so
wie er sich jetzt gestaltet hat, annehmen wollen, sich von ihren Plätzen zu erheben.
(Geschieht.) Das ist die Mehrheit; der Paragraph ist angenommen.

Wir kommen nunmehr zu § 819a. Der Antrag auf namentliche Abstimmung
ist zurückgezogen. (Bravo!)

Zunächst müssen wir eventuell abstimmen über den Antrag des Herrn Abgeord=
neten Lenzmann.

Zur Geschäftsordnung hat das Wort der Herr Abgeordnete Lenzmann.

Abgeordneter **Lenzmann:** Ich will den Antrag auf Nr. 488 der Drucksachen
bis zur dritten Lesung zurückziehen; dann werde ich ihn wieder einbringen.

Präsident: Der Antrag Lenzmann ist zurückgezogen. Wir kommen sonach
zur Abstimmung über den Paragraphen selbst. Damit werden wir dem Antrag des
Herrn Abgeordneten Freiherrn von Stumm (Nr. 446 ad 1) und dem Antrag des
Grafen von Mirbach (Nr. 469) auf Strich gerecht.

Ich ersuche diejenigen Herren, welche § 819a nach der Kommissionsfassung an=
nehmen wollen, sich von ihren Plätzen zu erheben. (Geschieht.) Das ist die Minder=
heit; § 819a ist abgelehnt.

Zur Geschäftsordnung hat das Wort der Herr Abgeordnete Freiherr von Stumm=
Halberg.

Abgeordneter Freiherr **von Stumm=Halberg:** Ich ziehe nunmehr unseren
Antrag zum Einführungsgesetz unter Nr. 486 als erledigt zurück.

Präsident: Wir kommen nunmehr zum § 823.

Zur Geschäftsordnung hat das Wort der Herr Abgeordnete Spahn.

Abgeordneter **Spahn:** Ich habe auf Nr. 489 der Drucksachen den Antrag
gestellt, im Art. 69 des Einführungsgesetzes die in der Regierungsvorlage enthaltene
Nr. 7 wiederherzustellen, was nach Streichung des § 819a zur Erhaltung der über

den § 819 hinausgehenden Landesrechte nothwendig ist. Es scheint mir richtig zu sein, gleich jetzt, wo wir diese Materie behandeln, auch über diesen Antrag abzustimmen, damit er später nicht übersehen wird.

Präsident: Der Herr Abgeordnete Spahn hat den Antrag gestellt, daß über seinen Antrag zum Einführungsgesetz jetzt gleich verhandelt und entschieden werde. Der Antrag ist gestellt für den Fall, daß der § 819a abgelehnt wird. Diese Voraussetzung ist eingetreten. Ich eröffne deshalb die Diskussion über den Antrag des Herrn Abgeordneten Spahn Nr. 489. — Es verlangt niemand das Wort; die Diskussion ist geschlossen.

Wir kommen zur Abstimmung. Der Antrag des Herrn Abgeordneten Spahn lautet:

> für den Fall der Streichung des § 819a dem Art. 69 des Einführungsgesetzes als Nr. 7 hinzuzufügen:
>
> > der zum Ersatze des Wildschadens Verpflichtete Erstattung des geleisteten Ersatzes von demjenigen verlangen kann, welcher in einem anderen Bezirk zur Ausübung der Jagd berechtigt ist.

Ich bitte diejenigen Herren, welche diesem Antrag zustimmen wollen, sich von den Plätzen zu erheben. (Geschieht.) Das ist die Mehrheit; der Antrag ist angenommen.

Fortsetzung.

117. Sitzung, am 30. Juni 1896.

Präsident: Zu § 819 liegt der Antrag des Herrn Abgeordneten Haußmann Nr. 514 vor, hinter dem Worte „Rehwild" die Worte einzuschieben: „durch Hasen". Das Wort hat der Herr Abgeordnete Haußmann.

Abgeordneter **Haußmann:** Meine Herren, wir kommen von dem „Hund" auf den „Hasen". Ich habe mir erlaubt, den Antrag auf Wiederherstellung der Kommissionsbeschlüsse zu stellen, nicht in der Absicht, die Gründe für und wider noch einmal zu wiederholen, sondern einfach, um Gelegenheit zu geben, einen Fehler, den das Plenum in zweiter Lesung gemacht hat, indem es von den Kommissionsbeschlüssen zurückgetreten ist, wieder wett zu machen. Ich thue es im Interesse der kleinen Bauern, darunter auch der Wähler des Herrn Abgeordneten von Gültlingen, der den Antrag auf Streichung der Bestimmung gestellt hat, welche die Ersatzpflicht für Hasenschaden statuirte, und ich thue es auch, um dem Zentrum Gelegenheit zu geben, seine Hasenscharte wieder auszuwetzen. (Heiterkeit.)

Abgeordneter Dr. **Enneccerus:** Meine Herren, ich habe mitzutheilen, da ich über die Petitionen zu referiren habe, daß noch eine neue Petition von dem Verband der Handelsgärtner in Deutschland eingegangen ist, die für die Gesetzgebung der Einzelstaaten recht beherzigenswerthe Vorschläge enthält.

Abgeordneter **Liebermann von Sonnenberg:** Meine Herren, ich will nicht für den Antrag des Herren Abgeordneten Haußmann sprechen und stimmen; er beweist aber, daß dieser Paragraph am besten aus dem bürgerlichen Gesetzbuch überhaupt herausgeblieben wäre (sehr richtig! rechts), und daß die einzelnen deutschen

Staaten am zweckmäßigsten ihre Bestimmungen nach dieser Richtung hin selber hätten treffen sollen. Meine Herren, wenn es eines Beweises bedürfte, daß aus dem Mittelstand heraus schon jetzt erhebliche Klagen über die rasche Durchberathung des bürgerlichen Gesetzbuchs erfolgen, so würde ich in der Lage sein, mit Bezug auf diesen Paragraphen den Beweis aus dem Organ des Verbands der deutschen Handelsgärtner zu führen, worin über die Berathung dieses Paragraphen ausdrücklich Klage geführt wird. (Glocke des Präsidenten.)

Präsident: Ich bitte um Ruhe, meine Herren!

Abgeordneter **Liebermann von Sonnenberg:** Es heißt da:

> Wir können nur annehmen, daß die Eile, mit welcher die Berathung des bürgerlichen Gesetzbuchs vorgenommen wird, verhindert hat, daß man sich über einen anderen Satz, welcher den gärtnerischen Kulturen einigermaßen wirksamen Schutz gewähren würde, nicht erst hat verständigen können, denn in unserer Petition, welche wir an den Reichstag gerichtet haben, und in besonderen Schreiben an Reichstagsabgeordnete haben wir darauf hingewiesen, daß die bestehenden Wildschaden- und Jagdpolizeigesetze einen hinreichenden Schutz nicht gewähren und hatten dafür Beispiele aus der preußischen Gesetzgebung angeführt.

Meine Herren, es wird in dem Artikel dann weiter ausgeführt, daß es zwar richtig sei, wenn der Herr Abgeordnete Freiherr von Manteuffel betont habe, die Baumschulenbesitzer seien in der Lage, auf ihrem Terrain die Hasen abzuschießen, und daß es auch richtig sei, wenn der Herr Oberforstmeister Danckelmann dies bestätigt habe. — Die Herren haben dabei an § 16 des preußischen Wildschadengesetzes gedacht; aber sie haben vergessen hinzuzufügen, daß in diesem § 16 noch steht:

> wenn sie die Ermächtigung zum Abschießen von der Aufsichtsbehörde bekommen.

Nun wird in dem Artikel beklagt — und ähnliches ist mir auch gestern noch von Handelsgärtnern in der Provinz Hannover gesagt worden, — daß diese Ermächtigung manchmal nicht ertheilt werde. Die Handelsgärtner geben sich aber der angenehmen Hoffnung hin, daß, wenn auch nicht noch in der dritten Lesung die betreffenden Bestimmungen entsprechend geändert werden, so doch aus den Ausführungen des Herrn Oberforstmeisters Danckelmann zu entnehmen sei, daß man regierungsseitig, wenigstens in Preußen, diesen Wünschen möglichst entgegenkommen wolle. Wenn nach dieser Richtung hin eine beruhigende Erklärung erfolgte, so würden das gewiß sehr viele Baumschulenbesitzer mit Dank anerkennen. Die Eingatterung von Baumschulen ist auch nicht eine so billige Sache, wie man es hinzustellen beliebt; denn die Baumschulen bleiben nicht immer auf derselben Stelle: sie müssen nach 10 oder 15 Jahren auf anderen Boden verlegt werden, die nicht unbedeutenden Kosten müssen dann aufs neue aufgewendet werden. Und was für eine Vergatterung der Baumschule nothwendig ist, wenn die Berechtigung zum Abschießen der Hasen daraufhin ertheilt werden soll, ist nirgends gesagt, auch nicht in dem § 2 b des preußischen Jagdpolizeigesetzes. Also in dieser Beziehung sind Erläuterungen nothwendig. In manchen Landestheilen, namentlich in Süddeutschland, wird Klage über Hasenschaden geführt, in anderen weiß man nichts davon. Daher wäre es wünschenswerth, daß die Jagdpolizeigesetze landschaftlich verschieden gestaltet würden, und daher auch am besten, wenn die Mehrheitsparteien darauf verzichten wollten, diesen Paragraphen in das Gesetzbuch aufzunehmen.

Abgeordneter Graf **von Mirbach**: Meine Herren: mit dem letzten Satz des Herrn Abgeordneten Liebermann von Sonnenberg bin ich mit meinen politischen Freunden einverstanden. Wir stehen geschlossen auf dem Standpunkt, daß es sich unbedingt empfiehlt, die Wildschadensfrage aus dem bürgerlichen Gesetzbuch auszuscheiden. Wir bescheiden uns trotzdem dahin, jetzt nicht an den Beschlüssen zweiter Lesung zu rütteln, nicht aus Konnivenz gegen die Majorität, sondern weil wir zur Zeit ein positives Resultat nicht glauben erreichen zu können. Meine politischen Freunde legen aber großen Werth darauf, mit aller Bestimmtheit zu erklären, daß nach unserer Auffassung die Wildschadensfrage in untrennbarem Zusammenhang steht mit der Jagdgesetzgebung, und die Jagdgesetzgebung gehört wohl nach der Auffassung des ganzen Hauses zur Partikulargesetzgebung. Wir sind nicht so weit Unitarier, daß wir nicht auch in dem Rahmen der Gesetzgebung, welche das bürgerliche Gesetzbuch regelt, den Einzelstaaten diejenigen Bestimmungen überlassen zu müssen glauben, welche zweckmäßig ihnen gebühren. Dahin gehört, wie gesagt, die Jagdgesetzgebung zweifellos und in Konsequenz davon auch die Wildschadensfrage.

Ich möchte nun noch Herrn von Liebermann ein Wort erwidern. Ich meine, wenn er Einsicht nehmen wollte von dem für Preußen geltenden Gesetz, dem Wildschongesetz vom 11. Juni 1891, so würden seine Befürchtungen erheblich einzuschränken sein, denn § 16 dieses Gesetzes enthält die bezüglichen Kautelen. Es liegt in den Bestimmungen dieses Paragraphen ein ausreichender Schutz.

Ich beschränke mich auf diese kurzen Ausführungen. (Bravo! rechts.)

Abgeordneter Dr. **Bachem**: Meine Herren, ich möchte doch im Gegensatz zu den Herren, die glauben, es sei gleichgiltig, daß dieser Grundsatz in das bürgerliche Gesetzbuch aufgenommen sei, darauf hinweisen, daß für ganz erhebliche Theile Deutschlands das nicht gleichgiltig ist und zwar für diejenigen Gegenden Deutschlands, die ein Gesetz über den Ersatz von Wildschaden überhaupt noch nicht haben. Im Interesse dieser Gegenden ist es dringend geboten, daß dieser Grundsatz im Gesetz bleibe. Dazu kommt außer allem anderen der Fortschritt, daß wir nun einmal diese Materie, die nicht vorwiegend den Charakter eines Jagdgesetzes, sondern des Schutzes des Eigenthums hat, in das bürgerliche Gesetzbuch hineinbekommen haben. Nun sind wir in der Lage, auf dieser Grundlage bei späteren Gelegenheiten weiter zu bauen, und darum, glaube ich, werden nicht nur diejenigen Gegenden, welche bisher gar kein Gesetz über den Ersatz von Wildschaden hatten, alle deutschen Bauern uns dankbar sein, wenn eine Basis gewonnen ist, die möglicherweise in der Zukunft noch bessere Resultate zeitigt, als sie in der gegenwärtigen Situation sich haben erreichen lassen.

Präsident: Die Diskussion ist geschlossen.

Zur Geschäftsordnung hat das Wort der Herr Abgeordnete Singer.

Abgeordneter **Singer**: Herr Präsident, wir legen großen Werth darauf, festzustellen, welche Parteien für den Wildschadenparagraphen stimmen, und namentlich wollen wir feststellen, welche Parteien den Hasenschaden nicht ersetzt haben wollen. In Folge dessen beantrage ich namentliche Abstimmung über den Antrag Nr. 514 und bitte, die Unterstützungsfrage stellen zu wollen.

Präsident: Der Antrag bedarf der Unterstützung von 50 Mitgliedern. Ich bitte diejenigen, welche den Antrag auf namentliche Abstimmung unterstützen wollen, sich von den Plätzen zu erheben. (Geschieht.) Die Unterstützung genügt.

Meine Herren, wir werden abstimmen über den Antrag des Herrn Abgeordneten Haußmann, Nr. 514 der Drucksachen, der dahin geht, daß hinter dem Worte „Rehwild" die Worte eingeschoben werden: „durch Hasen".

Ich ersuche diejenigen, welche diesem Antrage zustimmen wollen, mit Ja, — diejenigen, welche ihm nicht zustimmen wollen, mit Nein zu antworten.

Der Namensaufruf beginnt mit dem Buchstaben J. Ich bitte, den Namensaufruf zu vollziehen. (Geschieht.)

Mit Ja antworten:

Ancker. Auer. Augst. Dr. Barth. Bebel. Benoit. Bindewald. Dr. Blankenhorn. Blos. Bock (Gotha). Brandenburg. Bruckmaier. Brühne. Buddeberg. Bueb. Burger. Casselmann. Dr. Conrad. Dietz. Ehni. von Elm. Fischbeck. Fischer. Dr. Förster (Neustettin). Förster (Reuß). Frank (Baden). Frese. Frohme. Galler. Gaulke. Geyer. Harm. Haußmann. Herbert. Dr. Hermes. Hirschel. Freiherr von Hodenberg. Hofmann (Chemnitz). Hubrich. Humann. Johannsen. Kauffmann. Kercher. Klees. Kühn. Dr. Langerhans. Lehner. Lerno. Lessing. Liebknecht. Lüders. Dr. Lütgenau. Meister. Metzner (Neustadt). Möller. Dr. Müller (Sagan). Munckel. Dr. Pachnicke. Pezold Pflüger. Quentin. von Reibnitz. Reißhaus. Richter. Rickert. Ritter (Merseburg). Schaettgen. Schmidt (Elberfeld). Schmidt (Frankfurt). Schmidt (Sachsen). Schmidt (Warburg). Schmieder. Schnaidt. Dr. Schoenlank. Schuler. Schultze (Königsberg). Schumacher. Seifert. Siegle. Dr. Sigl. Singer. Speiser. Stadthagen. Stolle. von Strombeck. Szmula. Tutzauer. Vogtherr. Weber (Bayern). Weiß. Wengert. Werner. Winterer. Wurm. Zubeil.

Mit Nein antworten:

Abt. Aichbichler. Prinz von Arenberg. Graf von Arnim. Dr. Bachem. Baeurle Bassermann. Bauermeister. Bayerlein. von Benda. Bender. Dr. von Bennigsen. Graf von Bismarck-Schönhausen. Dr. Bock (Aachen). Dr. Boehme. Bohtz. Boltz. Braun. Brockmann. Brünings. Brunck. Dr. von Buchka. Freiherr von BuolBerenberg. Graf von Carmer. Prinz zu Carolath-Schönaich. Cegielski. Charton. Dr. von Cuny. von Czarlinski. Fürst Czartoryski. von Dallwitz. Deuringer. von Dewitz. Dieden. Graf von Dönhoff-Friedrichstein. Graf Douglas. Dresler. von Dziembowski-Bomst. Dr. von Dziembowski-Pomian. Dr. Enneccerus. Euler. Feddersen. Fink. Frank (Ratibor). Dr. von Frege-Weltzin. Fritzen (Rees). Fuchs. Graf von Galen. Gamp. Gerstenberger. Gröber. Freiherr von Gültlingen. Günther. Baron von Gustedt-Lablacken. Haake. Dr. Hahn. Dr. Hammacher. Harl. Hartmann (Glatz). Dr. Hasse. Hauffe-Dahlen. Dr. Freiherr von Heereman. von Herder. Freiherr Heyl zu Herrnsheim. Hilgendorff. Himburg. Hische. Dr. Hitze. Hofmann (Dillenburg). Prinz zu Hohenlohe-Schillingsfürst. Graf von Holstein. Graf von Hompesch. Horn (Neiße). Jacobskötter. Dr. von Jazdzewski. Jorns. von Kardorff. von Kehler. von Kleist-Retzow. Klemm (Mühlhausen). Klose. Krämer. Krebs. Dr. Kropatscheck. Krüger. Kubicki. von Leipziger. Lender. Leonhard. Letocha. Leuschner. Dr. von Levetzow. Dr. Lieber (Montabaur). Lieber (Meißen). Graf zu Limburg-Stirum. Dr. Lingens. von Loesewitz. Lorenzen. Lüttich. Maager. Freiherr von Manteuffel. Marbe. Dr. von Marquardsen. Graf von Mirbach. Mooren. Müller (Fulda). Müller (Harburg). Münch-Ferber. Nauck. von Normann. von der Osten. Dr. Paasche. Pauli. Dr. Pichler.

Dr. Pieschel. Pingen. Placke. von Plocz. von Puttkamer-Plauth. Reichert. Reichmuth. Rembold. Rettich. Riekhof-Böhmer. Rimpau. Dr. Rintelen. Ritter (Wirsitz). Roeren. Roesicke. Rothbarth. von Rozycki. Dr. Rudolphi. Dr. Rzepnikowski. Sachße. von Salisch. Dr. Schaedler. Schall. Scherre. Schmid (Immenstadt). von Schöning. Schröder. Dr. Schultz-Lupitz. Schulze-Henne. Schwarze. Graf von Schwerin-Löwitz. von Slaski. von Stein. Steininger. Dr. Stephan (Beuthen). Stöcker. Freiherr von Stumm-Halberg. Thomsen. Trimborn. Wallenborn. Walter. Wamhoff. Weber (Heidelberg). Weidenfeld. Wellstein. Wenders. Wenzel. von Werdeck-Schorbus. Wildegger. Will. de Witt. Witzlsperger. von Wolszlegier (Schönfeld). Zott.

Der Abstimmung enthalten sich:

Liebermann von Sonnenberg. Lotze. Müller (Waldeck). Graf von Oriola. Schwerdtfeger. Spahn. Dr. Vielhaben.

Krank sind:

Baumbach. Dr. Bürklin. Dr. Clemm (Ludwigshafen). von Grand-Ry. Grillenberger. Haag. Hesse. Payer. Stephann (Torgau). Steppuhn. von Vollmar. Wiesike. von Winterfeldt-Menkin.

Beurlaubt sind:

Bachmeir. Gräfe. Köpp. Dr. von Komierowski. Dr. Freiherr von Langen. Mayer (Landshut). Graf von Roon. Dr. Schneider. Ulrich.

Entschuldigt sind:

Becth. Graf von Bernstorff (Lauenburg). Graf von Bernstorff (Uelzen). Bumiller. Engels. Fritzen (Düsseldorff). Horn (Sachsen). Hüpeden. Hug. Krupp. Dr. Kruse. von Lama. Lenzmann. Dr. Marcour. Merbach. von Podbielski. von Staudy. Uhden.

Ohne Entschuldigung fehlen:

Ahlwardt. von Arnswaldt-Böhme. Baron von Arnswaldt-Hardenbostel. Birk. Dr. Boeckel. Dr. Bostetter. Freiherr von Buddenbrock. Baron Chlapowski. Colbus. von Colmar. Prinz Czartoryski. Graf von der Decken (Ringelheim). Graf zu Dohna-Schlodien. Eck. Dr. Friedberg. Fürst zu Fürstenberg. Fusangel. Gerisch. Göllner. Dr. Görtz. von der Gröben-Arenstein. Guerber. Haehnle. Hartmann (Württemberg). Dr. Freiherr von Hertling. Herzog. Hilpert. Dr. Hoeffel. Erbprinz zu Hohenlohe-Oehringen. Hofang. Jebsen. Joest. Iskraut. von Kalkstein. Graf von Kanitz-Podangen. Keßler. Klemm (Dresden). Graf zu Inn- und Knyphausen. Köhler. Dr. Krzyminski. Küchly. Graf Kwilecki. Langerfeldt. Legien. Lehemeir. Lerzer. Luz. Freiherr von Maltzan-Molzow. von Massow. Mentz. Metzger (Hamburg). Meyer (Danzig). Molkenbuhr. Moritz. Nadbyl. Neckermann. Goetz von Olenhusen. Dr. Osann. Pierson. von Janta-Polczynski. Preiß. Radwanski. Fürst Radziwill. Rother. Freiherr Saurma von der Jeltsch. Schippel. Graf von Schlieffen-Schlieffenberg. Schmidt (Berlin). Schöpf. Dr. Simonis. von Sperber. Dr. Udo Graf zu Stolberg-Wernigerode. Stroh. Strzoda. Timmerman. Traeger. von Viereck. Freiherr von Wangenheim. Wattendorf. Wolny. Dr. von Wolszlegier (Gilgenburg). Zimmermann. Freiherr Zorn von Bulach.

Präsident: Die Abstimmung ist geschlossen; das Resultat wird ermittelt. (Geschieht.)

Meine Herren, das Resultat der Abstimmung ist folgendes: es haben abgestimmt 260 Mitglieder, mit Ja 85, mit Nein 168 Mitglieder; enthalten haben sich 7. Danach ist der Antrag Haußmann abgelehnt.

Ich ersuche diejenigen Herren, welche § 819 nach den Beschlüssen zweiter Lesung annehmen wollen, sich zu erheben. (Geschieht.) Das ist die Mehrheit; der Paragraph ist angenommen.

<hr>

Kommissions-Bericht.

§ 819.

Zu § 819 lagen 3 Anträge vor:

1. dem Absatz 1 hinzuzufügen:

   „Als eingeerntet gelten die Erzeugnisse auch dann, wenn sie in Diemen, Mieten, Veimen und dergl. zusammengebracht worden sind".

Da von Seiten der Vertreter der verbündeten Regierungen erklärt und von verschiedenen Seiten bestätigt wurde, daß dies nach dem Inhalte des Entwurfs und den Bestimmungen über die Früchte ohnehin unzweifelhaft sei, wurde dieser Antrag zurückgezogen.

2. In Absatz 1 Satz 1 nach dem Worte „Rehwild" die Worte „durch Hasen oder durch Fasanen" einzufügen.

Wenn auch, so führte der Antragsteller aus, der durch Hasen veranlaßte Wildschaden bei Feldgrundstücken wenig zu bedeuten habe und gewiß durch die Erhöhung der Jagdpacht bei starkem Hasenbestande mehr als aufgewogen werde, so sei doch dieser Schaden in Gärten, namentlich aber in Baumschulen von sehr großer Bedeutung und deshalb eine Schadenersatzpflicht unzweifelhaft begründet. Ebenso sei da, wo ein starker Fasanenbestand gehalten werde, der Schaden namentlich an der Aussaat unter Umständen ein sehr empfindlicher.

Von Seiten der Regierungsvertreter und aus der Mitte der Kommission wurde freilich entgegengehalten, vor dem Schaden durch Hasen könne sich der Baumschulenbesitzer durch sorgfältige Einzäunung vollkommen schützen, und der durch Fasanen veranlaßte Schaden trete nur in verhältnißmäßig wenigen Gegenden hervor. Die Regelung dieses Punktes sei somit besser der Landesgesetzgebung zu überlassen. Allein die Kommission nahm in getrennter Abstimmung die Worte „durch Hasen oder durch Fasanen" an.

In zweiter Lesung wurde namentlich darüber eingehend debattirt, ob nicht die durch die Beschlüsse erster Lesung eingefügten Worte „durch Hasen" zu streichen seien. Gegen die Anerkennung einer Ersatzpflicht für den durch Hasen veranlaßten Wildschaden wurde regierungsseitig und von verschiedenen Kommissionsmitgliedern namentlich das Folgende ausgeführt: Da der Hase auch da, wo er in großer Anzahl vorkomme, doch niemals in Schaaren, sondern stets einzeln lebe, so sei der an Feldfrüchten durch Hasen veranlaßte Schaden kaum bemerkbar. Die Anerkennung einer Ersatzpflicht für diesen Schaden werde wohl zu zahllosen Prozessen und somit zu erheblichen Kosten führen, aber keinen nennenswerthen praktischen Erfolg haben. Zudem müsse ein Ersatz dieses Schadens deshalb für ungerecht gehalten werden, weil der geringe durch die Hasen zugefügte Nachtheil durch die Erhöhung der Jagdpachten bei nennenswerthem Hasenbestand nicht allein ausgeglichen, sondern ohne Frage weit überwogen werde. Die Einbeziehung der Hasen in die Ersatzpflicht werde demnach auch ihre nachtheilige Rückwirkung auf die Höhe der Pachtsummen für die Gemeindejagden mit sich bringen, somit für die Grundbesitzer eher nachtheilig als vortheilhaft wirken. Was den in Baumschulen durch die Hasen angerichteten Schaden betreffe, so müsse die Behauptung aufgestellt werden, daß ein ordentlicher Wirth, möge Wildschaden-ersatzpflicht für Hasen bestehen oder nicht, die Baumschule stets durch eine Umzäunung schützen werde, und die Kosten einer solchen Umzäunung durch Stacheldraht seien gegenüber dem dadurch geschützten Werthe der Baumschulen von außerordentlich niedrigem Betrage. Die Einzäunung der Baumschulen zu bewirken, könne aber dem Jagdberechtigten unmöglich auferlegt werden, schon deshalb nicht, weil es ihm an jedem Rechte, dieselbe vorzunehmen, fehle. Zudem haben die Erfahrungen in Hannover gezeigt, daß für den durch Hasen an Baumschulen zugefügten Schaden ganz un-verhältnißmäßig hohe Entschädigungen geleistet werden müssen; der Hannoversche Pro-vinziallandtag habe sich deshalb auch dafür ausgesprochen, daß das Hannoversche Wildschadengesetz, soweit es sich auf den durch Hasen verursachten Schaden beziehe, geändert werde.

Von anderer Seite wurde diesen Ausführungen entgegengesetzt, daß sich hier wesentlich die Interessen der wohlhabenden Jagdliebhaber und des kleinen Mannes gegenüberständen, und daß deshalb die letzteren Interessen den Ausschlag geben müßten.

Bei der Abstimmung wurden die Worte „durch Hasen" den Beschlüssen der ersten Lesung gemäß mit 11 gegen 9 Stimmen aufrecht erhalten.

Auch die Einbeziehung des „durch Fasanen" verursachten Schadens in die Ersatz-pflicht wurde in zweiter Lesung angefochten, und der Antrag, die Worte „durch Fasanen" zu streichen, namentlich dadurch begründet, daß in vielen Fällen nicht festzustellen sei, durch welche Art von Federwild ein Schaden angerichtet sei. Die Streichung wurde auch von dem Vertreter der Bayerischen Regierung befürwortet. Von anderer Seite wurde der angeführte Grund als nicht ausschlaggebend bezeichnet; wo die Fasanen in größerem Maße gehalten werden — und nur da stehe die Wild-schadenersatzpflicht ernstlich in Frage — sei sehr wohl mit Sicherheit zu bestimmen, daß der Schaden auf die Fasanen zurückzuführen sei, selbst wenn daneben ein ver-hältnißmäßig geringer Bestand anderen Federwildes sich finde. Daß aber der durch Fasanen namentlich an der Aussaat angerichtete Schaden unter Umständen sehr erheb-liche Beträge erreiche, könne von keiner Seite bestritten werden.

Der Antrag wurde hiernach mit großer Majorität abgelehnt.

§ 819a.

Es war beantragt, nach § 819 folgenden besonderen Paragraphen einzufügen:

> „Wird der Schaden durch Schwarz- oder Rothwild verursacht, das seinen Stand in einem anderen Jagdbezirke hat, so ist dem Ersatzpflichtigen gegenüber derjenige für den Schaden verantwortlich, welcher in dem anderen Jagdbezirke ersatzpflichtig sein würde."

Unter Hinweis auf die in Hannover bestehende gleiche Vorschrift wurde von dem Antragsteller und verschiedenen anderen Kommissionsmitgliedern für diesen Antrag namentlich geltend gemacht, daß derjenige, welcher den Vortheil von dem Wilde hat, sei es ein Vortheil des Vergnügens an der Jagd, sei es der pekuniäre Vortheil durch Erlegung des Wildes, billigerweise auch den Schaden tragen müsse, den sein aus dem Walde austretendes Schwarz- oder Rothwild auf den benachbarten Grundstücken verursache, und dieser Schaden sei, wie jeder mit der Jagd auf Hochwild Vertraute wisse, unter Umständen ein sehr bedeutender. Zuzugeben sei gewiß, daß der Paragraph nicht in allen Fällen eines derartigen Wildschadens thatsächlich Hilfe gewähren könne. Nicht selten werde es, wenn eine Feldmark von Wäldern verschiedener Eigenthümer begrenzt sei, ungewiß bleiben, aus wessen Wildstand das Hochwild ausgetreten sei. In solchen Fällen werde es dann eben wegen der Ungewißheit des Beweises nicht zum Ersatze kommen. Aber das sei kein Grund, die Schadenersatzpflicht in den anderen ebenfalls sehr zahlreichen Fällen auszuschließen, in welchen nach der Lage überhaupt nur der Wildstand eines Besitzers, besonders häufig des Staates, in Betracht kommen könne, also die Person des Schadenersatzpflichtigen von vornherein feststehe.

Der Hauptvortheil aber dieser Einführung der Regreßpflicht werde, wie eben das Beispiel Hannovers zeige, der sein, daß die Großwaldbesitzer, welche einen erheblichen Wildstand halten oder gar hegen, zur Eingatterung ihres Waldbesitzes gezwungen würden und somit ohne übergroße Kosten der Wildschaden für Schwarz- und Rothwild überhaupt verhindert werde.

Die Vertreter der verbündeten Regierungen und einige Kommissionsmitglieder erklärten sich gegen die Annahme dieser Regreßpflicht. Dieselbe werde zu zahlreichen kostspieligen, nicht selten chikanösen und schließlich meist erfolglosen Prozessen führen, weil der Standort des Wildes in vielen Fällen nicht nachgewiesen werden könne. Das Schwarzwild namentlich streife so weit umher, daß man von einem Standort desselben kaum reden könne. Auch nach den Gesetzen der Billigkeit sei die Regreßpflicht nicht voll begründet. Der Feldbesitzer habe von dem Wildstande des benachbarten Großwaldbesitzers nicht nur Schaden, sondern durch die erhöhten Erträge der Jagd auf das austretende Hochwild auch unter Umständen wesentlichen Vortheil.

Der letztere Gesichtspunkt wurde auch von einigen Vertretern des Antrages anerkannt. Für die zweite Lesung wurde vorbehalten, entweder in dem Paragraphen selbst eine Theilung des Schadens zwischen den Feldjagdberechtigten und den Großwaldbesitzern zu beantragen oder im Einführungsgesetz die Landesgesetzgebung zu derartigen Bestimmungen zu ermächtigen.

Der beantragte § 819a wurde mit großer Majorität angenommen.

In zweiter Lesung wurde der Antrag gestellt, den § 819a folgendermaßen zu fassen:

> „4. Wird der Schaden durch Schwarz- oder Rothwild verursacht, das aus einem anderen Jagdbezirke ausgetreten ist, so ist im Verhältniß zu dem Ersatzpflichtigen derjenige zum Ersatze der Hälfte des Schadens verpflichtet, welcher in dem anderen Jagdbezirke für Wildschaden ersatzpflichtig ist."

Der Antrag unterscheidet sich, so wurde zur Begründung ausgeführt, von dem Beschlusse erster Lesung durch ein Doppeltes: erstens soll nach diesem Antrag der Großwaldbesitzer nur für die Hälfte des Wildschadens regreßpflichtig sein, weil der aus dem Wildstand erwachsene Vortheil ihm nur zu einem Theile, zu einem anderen Theile dagegen dem der Feldjagd-Berechtigten zufalle. Rationeller erscheine es allerdings, die Theilung der Schadenersatzpflicht nach dem Verhältniß eintreten zu lassen, in welchem die Erträge der Jagd dem Großwaldbesitzer und dem Feldjagdberechtigten thatsächlich zu Theil werden. Da indeß die Annahme eines solchen Verhältnisses zu schwierigen, alljährlich wiederkehrenden Rechnungen führen werde, so müsse in der beantragten Weise eine allgemeine, für alle Fälle anwendbare Regel geschaffen werden. Zweitens mache der Antrag nicht Denjenigen, in dessen Jagdbezirk das Schwarz- oder Rothwild seinen Standort hat, regreßpflichtig, sondern vielmehr Denjenigen, aus dessen Jagdbezirk es ausgetreten sei. Diese Abänderung sei durch praktische Erwägungen veranlaßt. Der Nachweis, wo das Wild seinen Stand habe, sei in vielen Fällen außerordentlich schwierig, ja nicht selten unmöglich, und führe zu zahlreichen Vernehmungen von Zeugen und Sachverständigen, mithin zu erheblichen Prozeßkosten, der jetzt gestellte Antrag dagegen fordere nur den meistens leicht zu erbringenden Beweis, daß das Wild aus einem anderen Jagdbezirk ausgetreten sei, und die Schadenersatzpflicht werde gleichwohl thatsächlich in den meisten Fällen dieselbe Person wie nach den Beschlüssen erster Lesung treffen.

Die Vertreter der verbündeten Regierungen wandten sich zunächst in eingehender Widerlegung gegen den Kommissionsbeschluß erster Lesung; derselbe entspreche dem Hannoverschen Rechte, aber gerade in der Provinz Hannover habe die gleiche Vorschrift zu zahllosen, im Verhältniß zu den zuerkannten Beträgen, außerordentlich hohen Prozeßkosten geführt, so daß diese Bestimmung den Advokaten günstiger sei als den zu schützenden Gemeinden.

Der neu gestellte Antrag sei zwar insofern den Kommissionsbeschlüssen vorzuziehen, als er die Regreßpflicht nur zur Hälfte annehme, was der Gerechtigkeit wenigstens näher liege, da es zweifellos richtig sei, daß auch dem Feldjagdberechtigten ein Theil des Nutzens aus dem Wildstand durch Erhöhung der Jagdpachten zufließe. Auch sei der Antrag praktisch weit leichter durchführbar als der in erster Lesung beschlossene § 819a. Dagegen stehe er mit der Gerechtigkeit nicht im Einklang, da er denjenigen, aus dessen Jagdbezirk das Wild ausgetreten sei, auch dann haftbar mache, wenn der Standort des Wildes nicht in seinem, sondern in einem dritten Jagdbezirke sich befinde. Nur den am Standorte des Wildes des Jagdberechtigten, nicht aber den Jagdberechtigten, aus dessen Bezirk das Wild nur ausgetreten sei, könne man unter dem Gesichtspunkte für haftbar erklären, daß gleichsam sein Wild den Schaden veranlaßt habe.

Nachdem der neu gestellte Antrag zurückgezogen war, wurde der § 819a in der Fassung der Beschlüsse erster Lesung mit einer Majorität von einer Stimme angenommen.

Personalien.

97.

Veränderungen im Königl. Preußischen Forst- und Jagdverwaltungs-Personal vom 1. Juli bis 1. Oktober 1896.

(Im Anschluß an den gleichnamigen Art. 74, S. 178.)

I. Bei der Königlichen Hofkammer der Königlichen Familiengüter.

A. Gestorben.

Bayer, Königlicher Forstmeister in Heinersdorf, Reg.-Bez. Potsdam.

B. Pensionirt.

von Hahn, Kronprinzlicher Forstmeister in Bernstadt, Kreis Oels.

C. Ernannt.

Freiherr von Loewenstern, bisher Königlicher Oberförster in Bischdorf O./Schl., zum Kronprinzlichen Oberförster in Bernstadt.

Junike, Königlicher Forstassessor, zum Königlichen Oberförster unter definitiver Uebertragung der Königlichen Hausfideicommiß-Oberförsterei Karmunkau mit dem Wohnsitz in Bischdorf O./Schl.

Schroeder, Forstassessor und Oberförstereiverwalter in Schmiedeberg i./R., definitiv zum Königlichen Oberförster der Oberförsterei Arnsberg mit dem Wohnsitz in Schmiedeberg i./Riesengeb.

D. Forstkassenbeamte.

Fischer, Königlicher Amtsrentmeister, von Oelse nach Wendisch-Buchholz versetzt.

Brüning, Königlicher Amtsrentmeister, Hauptmann a. D., von Königs-Wusterhausen nach Oelse versetzt.

Pistorius, Hofkammer-Civil-Supernumerar, zum Königlichen Amtsrentmeister in Königs-Wusterhausen ernannt.

Koppe, int. Forstkassen-Rendant in Rheinsberg ist verstorben.

Sprengel, Rentier in Rheinsberg, sind die Forstkassen-Rendanten-Geschäfte daselbst int. übertragen.

II. Bei der Central-Verwaltung und den Forstakademien.

Dem Direktor der Forstakademie zu Eberswalde, Oberforstmeister Dr. jur. Danckelmann, ist der Charakter als Landforstmeister mit dem Range der Räthe II. Klasse verliehen worden.

Backhaus, Forstassessor, ist als Hilfsarbeiter bei der Central-Forst-Verwaltung einberufen.

Heiland, Revierförster, ist zum Geheimen expedirenden Sekretär und Kalkulator bei der Central-Forst-Verwaltung ernannt.

III. Bei den Provinzial-Verwaltungen der Staatsforsten.

A. Pensionirt:

Witte, Forstmeister zu Groß-Schönebeck, Reg.-Bez. Potsdam.

Wagner, Forstmeister zu Zicher, Reg.-Bez. Frankfurt a./O.

Jacobi, Forstmeister zu Heldrungen, Reg.-Bez. Merseburg.

Fratzscher, Forstmeister zu Carrenzien, Reg.-Bez. Lüneburg.

Rörig, Forstmeister zu Roßberg, Reg.-Cassel.

Dedié, Forstmeister zu Zobten, Reg.-Bez. Breslau.

Keßler, Forstmeister zu Pudagla, Reg.-Bez. Stettin.

Gorges, Revierförster zu Walbeck, Oberf. Bischofswald, Reg.-Bez. Magdeburg.

Kaiser, Revierförster zu Wahrenholz, Oberf. Knesebeck, Reg.-Bez. Lüneburg.

Immeckenberg, Revierförster zu Dransfeld, Oberf. Bramwald, Reg.-Bez. Hildesheim.

B. Versetzt:

Kellner, Forstmeister, von Lichtefleck nach Zicher, Reg.-Bez. Frankfurt a./O.

Steinau, Forstmeister, von Neuweilnau, Reg.-Bez. Wiesbaden, nach Heldrungen, Reg.-Bez. Merseburg.

Ramelow, Forstmeister, von Pflastermühl, Reg.-Bez. Marienwerder, nach Carrenzien, Reg.-Bez. Lüneburg.

Helm, Oberförster, von Neuhof, Reg.-Bez. Cassel, nach Lüdersdorf, Reg.-Bez.
Potsdam.

von Minckwitz, Oberförster, von Goldap, Reg.-Bez. Gumbinnen, nach Groß-
Schönebeck, Reg.-Bez. Potsdam.

Krüger, Oberförster, von Hoyerswerda, Reg.-Bez. Liegnitz, nach Zobten, Reg.-Bez.
Breslau.

Gründer, Oberförster, von Freyburg a./U., Reg.-Bez. Merseburg, nach Lichtefleck,
Reg.-Bez. Frankfurt a./O.

Kelbel, Oberförster, von Claushagen, Reg.-Bez. Köslin, nach Pudagla, Reg.-Bez.
Stettin.

Adlich, Oberförster, von Turoscheln, Reg.-Bez. Gumbinnen, nach Claushagen, Reg.-
Bez. Köslin.

Rudolph, Oberförster, von Trappönen, Reg.-Bez. Gumbinnen, nach Freiburg a./U.,
Reg.-Bez. Merseburg.

C. Befördert bezw. versetzt unter Beilegung eines höheren Amtscharakters:

Eberts, Oberförster zu Gmünd, Reg.-Bez. Aachen, ist zum Regierungs- und Forst-
rath unter Uebertragung der Forstinspektion Cassel-Rotenburg ernannt.

D. Zu Oberförstern ernannt und mit Bestallung versehen sind die Forstassessoren:

Emmerich zu Neuhof, Reg.-Bez. Cassel.

Wrobel, Hilfsarbeiter bei der Central-Forst-Verwaltung, zu Goldap, Reg.-Bez.
Gumbinnen.

Trainer zu Neuweilnau, Reg.-Bez. Wiesbaden.

Claßen zu Gmünd, Reg.-Bez. Aachen.

Fendler zu Roßberg, Reg.-Bez. Cassel.

Zielaskowski (Ulrich) zu Gertlauken, Reg.-Bez. Königsberg.

Littmann zu Pflastermühl, Reg.-Bez. Marienwerder.

Mandt zu Turoscheln, Reg.-Bez. Gumbinnen.

Caeser zu Trappönen, Reg.-Bez. Gumbinnen.

Gronefeld, Edler von Ottberger, Prem.-Lieut. im Reitenden Feldjäger-Corps zu
Hoyerswerda, Reg.-Bez. Liegnitz.

E. Als Hilfsarbeiter bei einer Regierung wurden berufen die Forstassessoren:

Trebeljahr nach Arnsberg.

von Platen, Prem.-Lieut. im Reitenden Feldjäger-Corps nach Bromberg.

F. Zu Revierförstern wurden definitiv ernannt:

Feige, Förster, zu Ilfeld, Klosteroberförsterei Ilfeld, Provinz Hannover.

Tappert, Förster zu Gunthen, Oberf. Rehhof, Reg.-Bez. Marienwerder.

G. Als interimistische Revierförster wurden berufen die Förster:

Mierzwa zu Walbeck, Oberförsterei Bischofswald, Reg.-Bez. Magdeburg.

Tietze zu Dransfeld, Oberf. Brammwald. Reg.-Bez. Hildesheim.

Augustin zu Wahrenholz, Oberf. Knesebeck, Reg.-Bez. Lüneburg.

Mesecke zu Lüderholz, Oberf. Lonau, Reg.-Bez. Hildesheim.

H. Den Charakter als Hegemeister haben erhalten die Förster:

Schulz zu Klein-Mützelburg, Oberf. Rieth, Reg.-Bez. Stettin.

Seelig zu Limmritz, Oberf. Limmritz, Reg.-Bez. Frankfurt a./O. (zum 50jährigen Dienst-Jubiläum).

Kopplin zu Wuckensee, Oberf. Neuhaus, Reg.-Bez. Frankfurt a./O.

Papke zu Polenzigerbruch, Oberf. Reppen, Reg.-Bez. Frankfurt a./O.

Kühtz zu Elend, Oberf. Elend, Reg.-Bez. Hildesheim.

Seifert zu Liesewald, Oberf. Siegen, Reg.-Bez. Arnsberg.

Müller zu Dobra, Oberf. Liebenwerda, Reg.-Bez. Merseburg.

} bei der Pensionirung.

98.

Ordensverleihungen

an Forst- und Jagdbeamte vom 1. Juli bis 1. Oktober 1896.

(Im Anschluß an den gleichnamigen Art. 75, S. 180.)

A. Der Rothe Adler-Orden III. Klasse mit der Schleife:

Witte, Forstmeister zu Groß-Schönebeck, Reg.-Bez. Potsdam (und mit der Königlichen Krone).

Wagner, Forstmeister zu Zicher, Reg.-Bez. Frankfurt a./O.

Dedié, Forstmeister zu Zobten, Reg.-Bez. Breslau.

Jacobi, Forstmeister zu Heldrungen, Reg.-Bez. Merseburg.

} bei der Pensionirung.

B. Der Rothe Adler-Orden IV. Klasse:

Keßler, Forstmeister zu Pudagla, Reg.-Bez. Stettin (bei der Pensionirung).

C. Der Königliche Kronen-Orden III. Klasse:

von Hahn, Kronprinzlicher Forstmeister in Bernstadt, Kreis Oels (bei der Pensionirung).

D. Der Königliche Kronen-Orden IV. Klasse:

Gorges, Revierförster zu Walbeck, Oberf. Bischofswald, Reg.-Bez. Magdeburg.

Immeckenberg, Revierförster zu Dransfeld, Oberf. Bramwald, Reg.-Bez. Hildesheim.

Lindenberg, Hegemeister zu Niederschönhausen, Oberf. Tegel, Reg.-Bez. Potsdam.

Thiele, Hegemeister zu Grasdorf, Oberf. Wendhausen, Reg.-Bez. Hildesheim.

Wehrhahn, Hegemeister zu Albshausen, Oberf. Eiterhagen, Reg.-Bez. Cassel.

} bei der Pensionirung.

E. Das Allgemeine Ehrenzeichen in Gold:

Rölecke, Förster zu Letzlingen, Oberf. Letzlingen, Reg.-Bez. Magdeburg (mit der Zahl 50).

Kahle, Förster zu Emmerich, Oberf. Rheinwarden, Reg.-Bez. Düsseldorf (bei der Pensionirung).

F. Das Allgemeine Ehrenzeichen:

Adami, Förster zu Plötzky, Oberf. Grünwalde, Reg.-Bez. Magdeburg.)

Nordhausen, Förster zu Schweinitz, Oberf. Schweinitz, Reg.-Bez. | bei der
   Magdeburg. } Pensioni-

Müller, Förster zu Dodenau, Oberf. Elbrighausen, Reg.-Bez. Wies- | rung.
   baden.)

Stephan, Forstsekretär zu Zicher, Reg.-Bez. Frankfurt a.'O.

Dräger, Forstschutzgehilfe zu Alt-Lendershagen, Oberf. Schuenhagen, Reg.-Bez.
   Stralsund.

Lorenz, Holzhauermeister zu Riepen, Oberf. Müllrose, Reg.-Bez. Frankfurt a./O.

Beuster, Waldarbeiter zu Sophienstädt, Oberf. Biesenthal, Reg.-Bez. Potsdam.

Fimmen, Waldarbeiter zu Leepens bei Wittmund, Reg.-Bez. Osnabrück.

99.

53. Verzeichniß der zum Besten der Kronprinz Friedrich Wilhelm und Kronprinzessin Viktoria = Forstwaisenstiftung bei der Central-Sammelstelle (Geheimen expedirenden Sekretär Winckler, bezw. dessen Nachfolger, Geheimen expedirenden Sekretär Schmidt II zu Berlin W. 9., Leipzigerplatz 7) in der Zeit vom 1. Januar bis Ende August 1896 weiter eingegangenen freiwilligen Beiträge.

1. 5. Feldartillerie-Brigade in Posen; vom Königl. Oberförster Lipkow in Ludwigsberg, überwiesenen Erlös für einen Hasen 2,20 M. 2. Schroedter, Königl. Revierförster, Sobiensitz; Strafgelder für Fehlschüsse ꝛc. 10 M. 3. Vockrodt, Königl. Forstaufseher, Friedeburg; Strafgelder gelegentlich der Treibjagd in der Königl. Oberförsterei Friedeburg gesammelt 9,25 M. 4. R. Wunder, Revierförster, Adelsbach b. Salzbrunn, bei einer Jagd gesammelt 10 M. 5. Schefer, Forstmeister, Kullik b. Gr.-Wiartel, Beitrag für 1896 10 M. 6. Kimmel-Courl; gesammelt auf einer Treibjagd 2,10 M. 7. Vogdt, Königl. Forstmeister, Tschiefer; beim Reiherschießen in Heringsluft gesammelt 6 M. 8. Oberförsterei Nikolaiken (Ostpr.); Jagdstrafgelder der Saison 1895/96 30,15 M. 9. H. v. Bassewitz, Königl. Oberförster, Driesen; Strafgelder für Fehlschüsse, gesammelt auf den Jagden der Oberförsterei Hammerheide 31 M. 10. Expedition der „Deutschen Jäger-Zeitung" in Neudamm; Ertrag der Sammlung vom 1. Februar 1895 bis 21. Januar 1896 616,77 M. 11. Wittig, Forstmeister, Alt-Christburg; Strafgelder für Fehlschüsse, gesammelt auf einer im Schutzbezirk Kunzendorf am 23. Januar 1896 abgehaltenen Treibjagd 3 M. 12. Wadsack, Forstmeister, Rehhof, gesammelt auf den Jagden der Oberförsterei Rehhof 18,55 M. 13. Eyser, Forstmeister, Neustettin; auf den Jagden in der Oberfösterei Neustettin gesammelte Strafgelder und Jubelgaben 24,75 M., abzüglich 20 Pf. Porto 24,55 M. 14. Fintelmann, Oberförster, Durowo b. Wongrowitz; Strafgelder gesammelt auf der Treibjagd im Schutzbezirk Orla 9,15 M. 15. Durch die Expedition des „St. Hubertus" in Cöthen (Anhalt) 39 M. 16. Schulz, Forstsekretär, Tapiau O./Pr., auf einer Treibjagd in der Oberförsterei Tapiau für Fehlschüsse gesammelt 13,10 M. 17. Witte, Königl. Oberförster, Sadlowo; bei den

Jagden der Oberförsterei Sablowo gesammelte Strafgelder 20,80 M. 18. Peters, Forstaufseher, Poggendorf; gesammelt für Fehlschüsse während des Winters 1895/96 in der Oberförsterei Poggendorf 10,20 M. 19. M. Luedicke, Prostkergut, bei Marggrabowo 6 M. 20. Steinhoff, Forstmeister, Winnefeld; Fehlschußgelder aus der Oberförsterei Winnefeld 3 M. 21. von Lüttwitz, Lieutenant, Oels i./Schl., Strafgelder 6 M. 22. von Haas in Bischofrode 38,70 M. 23. Oberjäger-Corps des Hannov. Jäger-Bataillens Nr. 10 zu Colmar i./E., Sammlung gelegentlich einer geselligen Zusammenkunft 10 M. 24. Allgemeiner Deutscher Jagdschutz-Verein in Halensee, Beitrag für 1896 500 M. 25. Fehlkamm, Oberförster, Finkenstein W./Pr., gesammelt beim Schlusse einer Jagd 7 M. 26. Einige Forstleute Westfalens (Münster i./W.) 14 M. 27. Reschka, Schiedsmann, Schlaben-Neuzelle; Erlös aus einer Streitsache (Nr. 6. 465. 96.) 20 M. 28. Küßner, Lehrer, Theerbude, Theilbetrag des Ertrages des am 31. Mai 1896 in der St. Hubertuskapelle dortselbst gegebenen Kirchen-Concerts 15 M. 29. Gräflich Henckel von Donnersmarck'sches Rentamt Kaulwitz, eingezogenes Strafgeld 20 M. 30. Landrath in Oels i./Schl.; eingezogenes Strafgeld für ein jagdliches Versehen 3 M. 31. Bargmann, Oberförster, Wesserling i./E., Sühnegeld für anonyme unwahre Verdächtigungen zweier Gemeindeförster der Oberförsterei St. Amarin 50 M. 32. Dr. Geschöfer, Oels i./Schl. 3 M. Summe 1 561,52 M. Hierzu Summe bis 52. Verzeichniß 110 511,56 M. Summe der bis jetzt eingegangenen Beiträge 112 073,08 M.

100.

Chronologisches Verzeichniß

der in gegenwärtigem (XXVIII.) Bande des Jahrbuchs enthaltenen Gesetze, Erlasse, Staatsministerial=Beschlüsse, Instructionen, Regulative und Ministerial=Verfügungen ꝛc.

(Im Anschluß an den gleichnamigen Artikel im XXVII. Bande, Seite 336).

(Chronologische Verzeichnisse dieser Art vom Jahre 1851 an für die ersten acht Jahrgänge 1851—1858 des Jahrbuchs im Forst= und Jagdkalender für Preußen befinden sich im VIII. Jahrgange 1858, Seite 77, von da ab für die einzelnen Jahrgänge IX—XVII (1859—1867) jedesmal am Schluß des Kalender= Jahrbuchs, die Fortsetzungen in den Bänden des vorliegenden, seit 1868 vom Kalender getrennten Jahrbuchs).

1894.		1. November	S. 172.	19. März	S. 130.
29. Januar	S. 198.	4. „	S. 195.	23. „	S. 172.
22. Februar	S. 199.	8. „	S. 45.	25. „	S. 130.
1. März	S. 112.	15. „	S. 122.	27. „	S. 124.
		16. „	S. 20.	13. April	S.124.133.
1895.		18. „	S. 18.		175.
12. Januar	S. 44.	25. „	S. 198.	17. „	S. 193.
21. Februar	S. 14.	29. „	S. 193.	20. „	S.134.201.
28. „	S. 103.			21. „	S. 194.
1. März	S. 21.	7. Dezember	S. 45. 47.	26. „	S. 165.
18. „	S. 104.	9. „	S. 33.	28. „	S. 186.
20. April	S. 99.101.	18. „	S. 34.	29. „	S. 166.
31. Mai	S. 13.	19. „	S. 39. 196.	30. „	S.162.201.
24. Juli	S. 3.	29. „	S. 12. 33.	12. Mai	S. 182.
31. „	S. 12.			20. „	S. 188.
18. August	S. 27.	**1896.**		21. „	S. 123.
29. „	S. 28.	7. Januar	S. 40.	23. „	S.127.169.
2. September	S. 28.	14. „	S. 34.	10. Juni	S. 126.
11. „	S. 23.	15. „	S. 170.	13. „	S. 191.
18. „	S. 22.	20. „	S. 199.	16. „	S. 165.
22. „	S. 1.	22. „	S. 46.	18. „	S.164.174.
23. „	S. 26.	23. „	S. 48. 170.	23. „	S. 202.
7. Oktober	S. 22.	29. „	S. 44.	27. „	S. 190.
15. „	S. 24.	31. „	S. 35.	30. „	S. 266.
17. „	S. 25.	5. Februar	S. 47. 173.	1. Juli	S. 123.
19. „	S. 26.	8. „	S. 61.	3. „	S. 191.
23. „	S. 102.	13. „	S. 154.	12. „	S. 185.
25. „	S. 23.	14. „	S. 161.	31. „	S. 135.
30. „	S. 20.	25. „	S. 37. 39.	11. August	S. 186.
		26. „	S. 35. 39.	13. „	S. 185.
		4. März	S. 198.		
		6. „	S.104.126.		
		16. „	S. 127.	4. September	S. 192.

Buchdruckerei von Otto Lange, Berlin C.